わかる！
使える！

鋳造入門

西　直美［著］
Nishi　Naomi

日刊工業新聞社

【はじめに】

人類が金属を使い始めてから1万年近くたつといわれていますが、その加工方法は鍛造に始まり、鋳造、プレス、切削、溶接などさまざまな加工法が生み出されてきました。本書で扱う鋳造法は、紀元前4,000年頃にメソポタミア地方で始まったといわれています。最初は銅合金（青銅）で装飾品や武器などが鋳造されました。その後、紀元前7世紀の頃に中国で鉄の鋳造が行われました。日本では紀元前1世紀～1世紀頃に鋳造が始まったとされます。世界中に広まった鋳造法は、18世紀の産業革命で多くの機械・設備に使用されるようになり、19世紀になってアルミニウムやマグネシウムなどの軽合金が発明されると、自動車や飛行機などに軽合金鋳物が使用され、鋳物の新しい時代が開けてきました。今日では、人類にとって無くてはならないプロセスになりました。

鋳造法は、金属を溶かして、砂や鉄などの金属で作った鋳型の中に鋳込んで冷やして固めるプロセスで、基本的には溶かせる材料であればなんでも鋳造できます。鋳造で得られた製品を鋳物あるいは鋳造品といいますが、その特徴は、形状の自由度が高いこと、大きさの自由度が高いこと、生産数の自由度が高いこと、リサイクル性が高いことなどが挙げられます。

著者はこの鋳造あるいは鋳物の研究・開発に30年以上携わってきました。今回、日刊工業新聞社から「わかる！使える！」シリーズの『鋳造入門』出版のお話をいただき、役不足とは思いましたが執筆を引き受けさせていただきました。

「わかる！使える！」シリーズは、キャリア1～3年程度の初心者・初級向けの「実務に役立つ入門書」がコンセプトになっています。これまでの入門書では扱われなかった実作業に即した準備・段取りにフォーカスしたシリーズで、本書もできる限り具体的に書きました。また、鋳造法には、鋳造プロセス、鋳型材料、鋳造材料によってさまざまな種類がありますが、紙面の関係上すべてを取り上げることはできませんので、広く使われている代表的プロセスと鋳造材料に絞って解説しています。

本書は、4章で構成されています。第1章では鋳造の歴史・原理・用途、鋳造法の種類、鋳造材料の種類、鋳物の設計、鋳造方法などの鋳造の基礎知識について解説しています。第2章では、事例として鋳鉄（一部は銅合金）を取り上げ、鋳造の準備、造型、溶解、鋳造、後加工にいたる一連の作業の段取りを解説しています。第3章では、事例としてアルミニウム合金を取り上げ、同じく鋳造の準備、溶解、鋳造、後加工を解説しています。さらに第4章では、アルミニウム合金、亜鉛合金、マグネシウム合金のダイカストについて一連の作業の段取りを解説しました。

また、第1章から4章のコラムでは、本文では紙面の関係上解説できなかった鋳造欠陥について、各鋳造法に特有のものを取り上げました。字数、ページ数の制約の関係から十分説明できいてないところもあるかと思いますが、できる限り図表を用いてわかりやすく解説したつもりです。本書が読者の皆様のお役に立てられるならば幸いです。

最後に、本書の執筆にあたり貴重な機会を与えていただいた日刊工業新聞社出版局長の奥村功さま、企画や編集作業などで助言をいただいたエム編集事務所の飯嶋光雄さまに心より感謝の意を表します。

また、（一社）日本鋳造工学会はじめ、各方面から貴重な資料をご提供いただきました。紙面を借りて厚く御礼申し上げます。

2018年11月　　　　　　　　　　　　西　直美

わかる！使える！鋳造入門

目　次

【第1章】
これだけは知っておきたい
鋳造の基礎

【第4章】ダイカストの実際

1 鋳造の準備

2 溶解作業

3 鋳造作業

4 後処理・検査

コラム

【第1章】

これだけは知っておきたい
鋳造の基礎

砂型鋳造法

砂型は、上下2個また数個の型枠（鋳枠といいます）を使い、その枠を用いて型込めし、これを組み合わせて鋳型を作ります。砂型の種類はさまざまありますが、主なものとして**表1-1-1**に示すように生型砂、自硬性鋳型、ガス硬化型鋳型、熱硬化性鋳型があります。それぞれの長所・短所を**表1-1-2**に示します。なお、砂型鋳造の実作業については第2章を参照してください。

❶生砂型

生砂型に使われる原料砂は人工または自然のけい砂や川砂および多少粘土を含んだ山砂などが用いられます。けい砂にベントナイト7～15％程度と水分3～4％、少量のでん粉、石炭粉などの添加剤を混ぜて作ります。

生型に溶湯が鋳込まれると、粘結材、添加剤、水分などの熱分解によりガスを発生します。これらのガスを逃がすために生砂型には十分な通気性を有する必要があります。

❷自硬性鋳型

自硬性鋳型は、常温で放置して硬化させる鋳型のことです。粘結剤の種類としては、無機系および、有機系があり、硬化機構はそれぞれ異なります。代表的なものにフラン自硬性鋳型があります。フラン自硬性鋳型は、フラン樹脂と硬化剤の反応により脱水縮合して硬化します。鋳型の表面安定性が高く、きれいな鋳肌になります。

❸ガス硬化性鋳型

ガス硬化性鋳型は、けい砂と粘結剤を混練してこれを型枠に充填した後に反応性の気体を通気させることにより化学反応で粘結剤を硬化させて作ります。

代表的なものとして、炭酸ガス（CO_2）と水ガラスの反応を利用した、炭酸ガス法があります。水ガラスを主成分とする結合剤をけい砂、あるいはほかの耐火物に配合して、普通の砂型と同様につき固めた後に炭酸ガスを吹き込んで鋳型を硬化させます。

表 1-1-1 主な砂型の種類

分類	区分	代表例	添加剤
生砂型			ベントナイト、デンプン、石炭粉
自硬性鋳型	有機系	フラン自硬性鋳型	フラン樹脂、有機酸
	無機系	有機エステル自硬性	水ガラス、有機エステル
ガス硬化性鋳型	有機系	コールドボックス法	フェノール樹脂、イソシアネート樹脂、アミンガス
	無機系	炭酸ガス法	水ガラス、CO_2
熱硬化型鋳型	有機系	シェルモールド法	フェノールレジン

表 1-1-2 代表的砂型の長所・短所

	長所	短所
生砂型	・造型速度が速く、生産性に優れる ・薄肉鋳物にも適している ・大きさも小さいものから大きな鋳物まで幅が広く対応できる ・設備費が少なくてすむ ・臭気がでないので環境に優しい ・型ばらしが容易である ・砂の再生がしやすい	・鋳型の強度が低いため型崩れがおきやすく、砂落ちなどの不良につながる ・方案に制約がある ・複雑な形状や溝の深い鋳物が不得意である
自硬性鋳型	・樹脂粘性が低く樹脂添加量も少ないため混練砂の流動性が良く型込めが容易である ・可使時間、抜型時間の設定自由度が高く、鋳型サイズ、形状の適用範囲が広い ・なりより性が少なく寸法精度の良い鋳型ができる ・残留強度が低く、崩壊性が良い ・砂の再生性が良く、95%以上の歩留りが達成できる ・鋳型の表面安定性が高く、鋳肌がきれいである	・砂中の粘土分、微粉分、アルカリ分などにより硬化速度が影響を受けやすい ・気温、砂温、湿度などの造型条件により硬化速度、鋳型強度が影響を受けやすい ・なりより性が少なく、薄肉鋳鋼品で熱間亀裂を発生しやすい ・ダクタイル鋳鉄で球状化阻害が起きやすい ・注湯時に発生する二酸化硫黄により作業環境の悪化が懸念される
ガス硬化型鋳型	・鋳型が含有する水分は、分解水だけなので非常に少ない ・砂の流動性がよいので、外型、中子型いずれも容易に造型できる ・型の乾燥処理が不要である ・鋳型強度がある ・費用設備が少なくてすむ ・硬化後に抜型できるので、寸法精度が高く生産性が良い ・不快な臭いが少ない	・鋳型自体に吸湿性があるので、長時間放置すると強度が低下する ・大気中のCO_2と反応するため砂を貯蔵しておくためには、密閉した容器に保管する必要がある ・型ばらしがしにくい ・使用後の砂は、リサイクルできない

要点 ノート

砂型鋳造は、砂で作った鋳型に溶湯を流し込んで鋳物を作る方法で、古くから行われています。鋳造するたびに鋳型を作る必要がありますが、鋳型の製作コストが安く、設備も少なくてすみます。

消失模型鋳造法

❶消失模型鋳造法とは

消失模型鋳造法は、製品と同じ形状の模型を発泡スチロールで作り、これを鋳物砂の中に埋め込んで、模型部分に溶湯を鋳込んで、模型を燃焼・気化させ、できた空間部を溶湯が満たすことで鋳物を作る鋳造法です。鋳型の中にある発泡スチロール模型が、瞬時に溶湯に置き換わるために「消失模型」鋳造法といわれています。この方法は1950年代にアメリカで開発されました。

❷消失模型鋳造法の利点・欠点

表1-1-3に消失模型鋳造法の利点と欠点を示します。

消失模型鋳造法では、製品と同一な形状の模型を使用するため、中子を必要としないので中空製品や複雑な形状の製品も簡便に作ることができます。また、消失模型鋳造法では、模型が燃焼・気化してなくなるので抜け勾配を設定する必要がなく、製品の形そのままに発泡スチロール模型を設計できます。

木型を用いる鋳造法では、鋳型から木型を抜くために型分割面を設定しますが、失模型鋳造法では発泡スチロール模型を丸ごと砂の中に埋めて鋳物を作るため、分割面が不要で上型と下型の合わせ目の部分で鋳バリが発生しません。

消失模型鋳造法は、1つの型で1つの鋳物を作る「1対1」の鋳造法（単品鋳物）なので、少量生産の鋳物でよく用いられ、**図1-1-1**に示すような工作機械のベッドや美術工芸品など幅広い分野でこの鋳造法が採用されています。

❸消失模型鋳造法の製造工程

図1-1-2に消失模型鋳造法の製造工程を示します。模型製作は、発泡スチロールのブロックからCAD/CAMを用いて削り出して接着剤などを用いて組み立てるか、鋳物と同じ形状の金型を用いて発泡成形する方法があります。

発泡スチロール模型には、焼付き防止のために表面に塗型を施します。鋳枠に発泡スチロール模型を入れた後に砂を投入し、振動を加えてすみずみまで充填させます。

湯口から溶湯を注湯する工程では、鋳造過程で発泡スチロールを完全に気化させるため、鋳込温度を高く設定し、鋳込速度を速くします。鋳物が凝固・冷却した後、型ばらしを行い、鋳物と湯道、砂を分離します。

表 1-1-3 消失模型鋳造法の利点、欠点

利 点	欠 点
・中子が不要であるため、複雑な鋳物を簡単に作ることができる ・設計変更による模型の修正が容易 ・抜け勾配が不要で設計上の制約が少ない ・模型のみきり面が不要であり、鋳バリの発生少ない ・木型が必要ないため、単品鋳物の場合の納期が短くなり、コストが安くなる ・3D CAD/CAMで加工できるので低コストである ・ソリッドデータで保管するので、木型の保管が不要である	・製品1つに1つの模型が必要になる ・模型の強度が弱く、砂の重さで変形したり欠けたりする ・発泡スチロールの燃焼ガスが発生する ・発泡スチロールの燃焼残さがある ・塗型ノウハウの蓄積が必要である

図 1-1-1 消失模型鋳造法による鋳物例

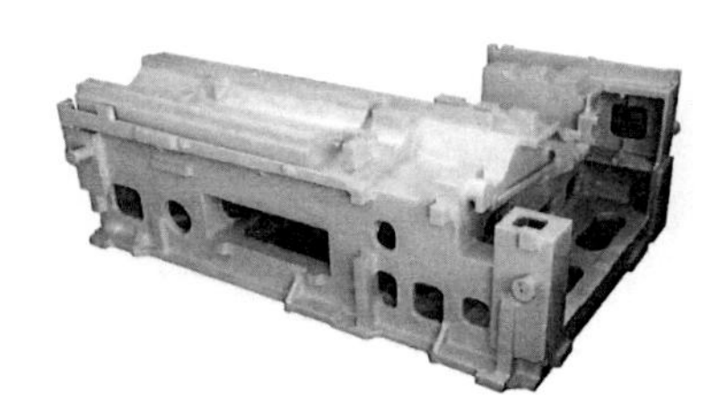

旋盤ベッド（鋳鉄）

美術鋳物（鋳鉄）

（写真提供：木村鋳造所）

図 1-1-2 消失模型鋳造法の製造工程

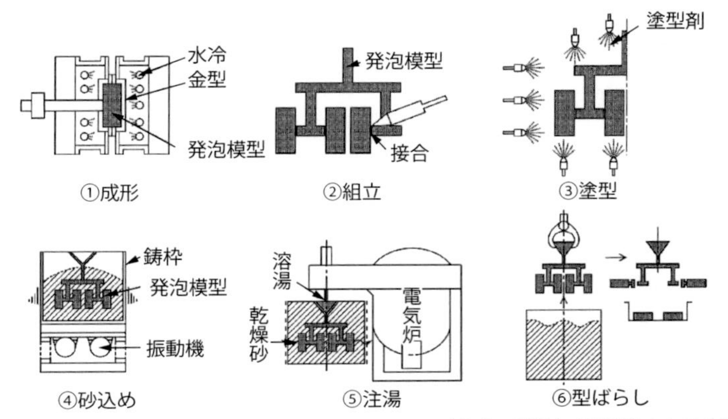

（出典：「機械工学便覧 β」日本機械学会）

要点 ノート

消失模型鋳造法は、方案付きの発泡スチロールの模型を乾燥砂中に埋め込み、方案部に溶湯を注湯することで、発泡スチロール模型を気化させて溶湯と置き換え、鋳物を作るプロセスです。

Vプロセス

❶Vプロセスとは

Vプロセス（Vacuum Sealed Molding Process）は、鋳物部の面を含む分割面と背面を厚さ0.1 mm程度のプラスチック成形フィルムで覆って密閉し、砂粒を詰めた鋳型内を吸引によって減圧して鋳物砂を造型し、鋳造、冷却後、鋳物砂を大気圧に戻すことによって型ばらしを行う鋳造法です。

❷Vプロセスの利点、欠点

表1-1-4にVプロセスの利点、欠点を示します。利点としては、鋳物砂に粘結剤を使用しないので、流動性に優れ、振動をかけることですみずみまで砂を充填でき、繊細な模様の意匠などが再現できます。また、粒度の細かい鋳物砂を使用するので鋳肌がきれいにできます。造型面にプラスチック成形フィルムを使用するので、溶湯の湯回り性が良く、薄肉鋳物の製造に適します。鋳物砂は粘結剤を含まないので、繰り返して再利用することができます。

Vプロセスは、表1-1-4の利点を活かして**図1-1-3**に示すような、門扉、ピアノフレームなどの大型薄肉鋳物などに採用されています。

❸Vプロセスの製造工程

図1-1-4にVプロセスの製造工程を示します。(a) 中空の定盤の上にあらかじめ吸引用の穴が数箇所開けられた模型を取り付けます。(b) プラスチック成形フィルムをヒータで加熱・軟化させて、模型の上にかぶせます。(c) 模型に開けられた細穴より空気を吸引して圧力を下げ、膜を模型に密着させます。模型に内部に吸引管のある枠を乗せます。その上に砂粒に振動を与えながら詰め、上面（模型と反対側）をフィルムで覆って密閉し、鋳型内を吸引減圧します。(d) 次に模型側の圧力を常圧に戻して、鋳型を引き抜きます。このようにしてでき上がった鋳型は、減圧状態（圧力45～60 kPa）ですから、大気圧によって形状を保ち、強固となります。(e) 下型も同様な手法で造型して、型合わせを行います。この状態で溶湯を鋳型に注湯します。型ばらしまでは鋳型内は減圧の状態が保たれます。溶湯が冷えて凝固したら型ばらしを行います。型ばらしは、鋳型内の減圧を解除するだけで鋳物砂はもとのさらさらの状態に戻り、容易に型ばらしをすることができます。

表 1-1-4　V プロセスの利点、欠点

利　点	欠　点
・鋳物砂に粘結剤を使用しないので、流動性に優れ、振動をかけることですみずみまで砂を充填できる ・微細な砂を使用するので鋳肌がきれいにできる ・湯回りが良く、薄肉鋳物に適する ・抜け勾配を小さくすることができる ・鋳物砂が直接模型に触れないので、模型が摩耗しにくく長持ちする ・鋳物砂を繰り返して使用できる	・フィルムに成形限界があるので形状に制限がある ・減圧によって型を保持しているので中子を多用する複雑な鋳物には不向きである ・乾燥砂を使用するので集塵設備が必要である

図 1-1-3　V プロセスの製品例

門扉（アルミニウム合金）
（写真提供：アスザック㈱）

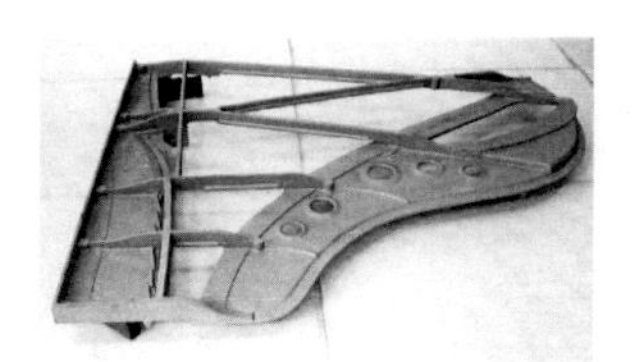

ピアノフレーム（鋳鉄）
（写真提供：日本鋳造工学会）

図 1-1-4　V プロセスの工程

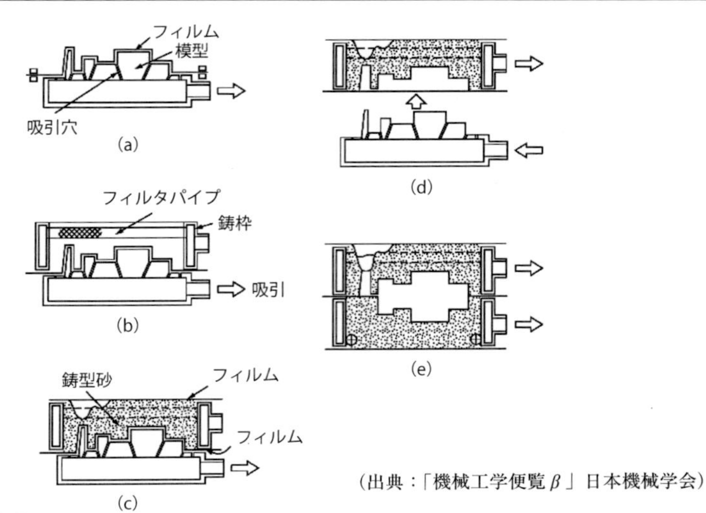

（出典：「機械工学便覧 β」日本機械学会）

要点ノート

V プロセスは、プラスチック成形フィルムで覆った鋳型内を吸引力によって減圧して鋳物砂を造型する方法で、薄肉で外観の優れた製品が鋳造できる日本オリジナルの鋳造法です。

精密鋳造法

❶精密鋳造法とは

精密鋳造法は、寸法精度が高く、鋳肌が平滑な鋳物を作る鋳造法のことをいいます。**表1-1-5**にそれぞれの利点・欠点を示します。

❷インベストメント法（ロストワックス法）

インベストメント法は、模型をワックス（蝋：ろう）やポリスチレン樹脂などで作ります。模型をろうで作る方法をロストワックス法といい、もっとも普及している方法です。

図1-1-5にロストワックス法の製造工程を示します。まず、鋳物を製造するためのワックス模型（パターン）を製作します。模型にセラミックスの粉をコーディングしたら、鋳型を加熱してワックスを溶かし出します。

ワックスを除去した鋳型を900~1200 ℃程度の高温で焼成した後、溶湯を流し込みます。注湯後、凝固・冷却したら砂落としをし、仕上げをして製品となります。

図1-1-6にロストワックス法の事例を示します。ロストワックス法は、ジェット機関やディーゼル機器の部品や複雑な形状の工業製品、歯車などの小型で精密な機械部品、指輪やペンダントなどを製造するために用いられています。

❸プラスタモールド法

石膏（せっこう：Plaster）は、硫酸カルシウム（$CaSO_4$）を主成分とする鉱物で、プラスタモールドには、水和反応（水と反応して硬化すること）するα型半水石膏が用いられ、凝結促進剤（MgO、NaClなど）と膨張抑制剤（けい砂、タルクなど）が添加されます。

❹セラミックモールド法

セラミックモールド法は、石膏の代わりに耐火物微粉（ジルコン系、アルミナ系など）とバインダ（けい酸ゾル、コロイダルシリカなど）、硬化剤（アンモニア系水溶液、アミン類など）を混合したスラリーを流し込んで、化学的に固化・乾燥させた後に900 ℃以上の高温で焼成して鋳型を作ります。

表 1-1-5 精密鋳造法の利点、欠点

	インベストメント（ロストワックス）法	プラスターモールド法	セラミックモールド法
利点	・ほとんどすべての材質に適用 ・鋳型の分割が不要で、自由な鋳物設計が可能 ・耐火物の量が少なく模型が軽量 ・装置化、自動化が容易 ・鋳型が薄く、凝固・冷却が均一	・表面が滑らかで複雑な形状の鋳物ができる ・ラバーモールドで逆勾配の鋳物ができる ・冷やし金で凝固が制御できる ・鋳型材料のコストが安い	・ほとんどすべての材質に適用 ・大型鋳物が鋳造できる ・模型材料が自由に選択可 ・鋳型強度が強い ・鋳型からのガス発生が少ない
欠点	・鋳型の強度が弱い ・大型鋳物ができない ・歩留りが悪い	・材質が低融点金属に限られる ・鋳型の生産性に劣る ・金属の凝固速度が遅く収縮欠陥が発生しやすい	・鋳型材料が高価である ・鋳肌と寸法精度に劣る ・装置化、自動化が進めにくい

図 1-1-5 ロストワックスの工程

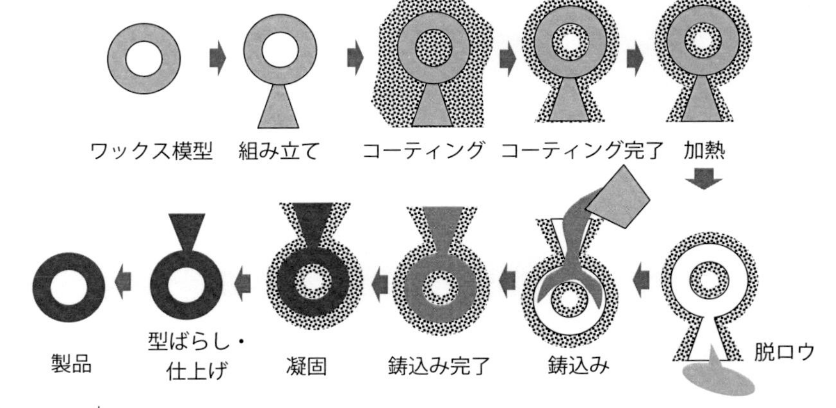

図 1-1-6 ロストワックスの製品例

ターボチャージャー用インペラ　指輪（写真提供：StudioMIZU.com）

(㈱日立メタルプレシジョン ホームページ)

要点 ノート

精密鋳造法は、複雑で寸法精度に優れ、鋳肌がきれいな製品を作る鋳造法としてアクセサリーから航空機部品まで広く使用されています。中でもロストワックス法は、全精密鋳物生産量の80％以上を占めています。

重力金型鋳造法

❶重力金型鋳造法とは

重力を利用して溶湯を耐熱鋼、あるいは鋳鉄などの金属製の鋳型（これを金型といいます）の空洞部（製品になる部分）に流し込んで鋳物を作る方法を重力金型鋳造といいます。重力金型鋳造法の詳細は第3章を参照してください。

表1-1-6 に砂型鋳造と金型鋳造の利点・欠点を示します。重力金型鋳造は、アルミニウム合金、マグネシウム合金、銅合金などに適用されます。

❷鋳造機

鋳造に使う装置（鋳造機）には、**図1-1-7**に示すような金型を手動で開閉するような簡単なものから、油圧シリンダにより自動で金型を開閉する大型のものがあります。また、自動鋳造機には上下あるいは左右に金型を開閉してその合わせ面に形成された湯口から溶融金属を金型に注湯する定置式鋳造機と、金型を傾斜させながら注湯する傾斜式鋳造機があります。後者は、金型に付随した溶湯受け口があり、溶湯を受け口に注湯した後に金型を傾斜させて鋳造する方式で、注湯時の溶融金属の乱れが少ないことから、ガスの巻き込みや介在物の巻き込みが少なく品質の良い鋳物が得られることから、最近では主流になりつつあります。

❸金　型

金型材料は、熱衝撃と侵食に耐えられる材料で、鋳物の数、材料費、加工費などにより選ばれます。生産量の少ないものはFC 200～FC 300の普通鋳鉄が用いられますが、生産量の多いものは低合金鋳鉄、炭素鋼、ダイス鋼などが用いられます。アルミニウム合金鋳造における金型の寿命は、鋳鉄で2～4万ショット、SKD 6熱処理材で3～10万ショット程度です。金型表面には直接金型と溶融金属が接触しないように断熱性のある粉末がコーティングされます。これを塗型（とがた）といい、炭酸カルシウム、アルミナ、黒鉛などの粉末を水ガラスなどの粘結剤に混ぜて金型内面に塗布します。これにより、湯流れ性、離型性、金型の寿命向上が得られます。また、塗型技術は鋳物の品質を左右する重要な技術です。鋳造方案は、基本的には砂型と同じですが、自由度が制限され、湯口、湯道、押湯などの位置は型の分割面で制約されます。

❹用　途

図1-1-8に重力金型鋳造による製品の例を示します。製品特性としては、鋳肌・寸法精度の良い緻密な鋳物が得られることから、耐圧性や機械的強度などが要求される自動車用のブレーキ部品、オイルポンプカバー、NC旋盤用高速回転シリンダなど、耐圧性、高強度が要求されるものに使用されます。

表 1-1-6　砂型鋳造と金型鋳造の比較

	砂型鋳造	金型鋳造
利点	・多品種少量生産に向いている ・形状の自由度があり、複雑な形状や大きな鋳造物が成形できる ・初期投資（型費用）が安い ・試作期間が短時間で済み、短納期に対応しやすい	・小ロットの製品よりも中量生産以上に向いている ・砂型鋳造に比べ冷却速度が大きく、組織が緻密で機械的性質に優れた鋳物を製造できる ・金型を用いるため、鋳肌がきれいで寸法精度が良い
欠点	・寸法精度が悪い ・鋳肌面が粗い ・大量生産の製品には適さない ・冷却速度が遅いため組織が粗大で機械的性質に劣る	・初期投資（型費用）が高い ・試作期間が長い ・複雑で大型な鋳物製作に不向き ・5mm以下の薄肉品には不向き

図 1-1-7　重力金型鋳造装置の例

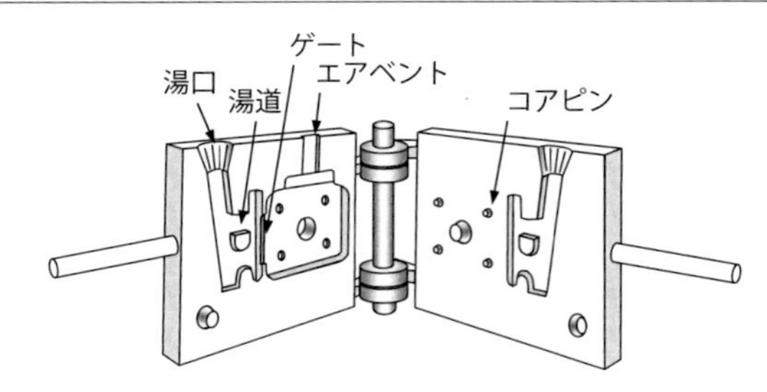

図 1-1-8　重力金型鋳物の事例

インレットマニホールド（写真提供：光軽金属工業㈱）　ホイール（写真提供：ヤマハ発動機㈱）

要点 ノート

重力金型鋳造は、金属で鋳型を作り、重力を利用して溶湯を注湯する鋳造法です。砂型鋳造に比較して、寸法精度・鋳肌・機械的性質に優れることから耐圧性や強度が要求される製品に適用されます。

低圧鋳造法

❶低圧鋳造法とは

低圧鋳造法は、重力金型鋳造法と同様に金属でできた型を用いる鋳造法の一種です。低圧鋳造法は、密閉された保持炉の中に空気圧、あるいは不活性ガス圧を作用させて鋳込む鋳造方式です。主に、アルミニウムの鋳造に用いられます。**表1-1-7**に低圧鋳造法の利点、欠点を示します。

❷鋳造機

図1-1-9に低圧鋳造機の例を示します。低圧鋳造法は、密閉したるつぼの上部に金型を設置し、るつぼ内の溶融金属と金型とをストークで連結して、溶融金属表面に0.01～0.1 MPaの空気圧を加えて溶融金属をストーク内をとおして静かに上昇させ、金型内に充填します。そのため、ガスの巻き込みの少ない鋳物が得られます。ストークは、一般には鋳鉄製が多く用いられますが、最近ではセラミックス製に置き換えられつつあります。

また、金型は、湯口から遠い部分の温度が低く、るつぼ側の温度が高いため、湯口から遠い所から順次凝固させます。湯口部まで凝固した時点で、加圧を中止すると押湯となっているストーク内の溶融金属はるつぼ内へと戻ります。その結果、押し湯が不要なため、鋳造歩留りが非常に高く、95％前後といわれています。溶融金属をゆっくり金型内に充填するため、金型温度は300～400 ℃と高くします。

❸金　型

低圧鋳造用金型は、**図1-1-10**に示すように基本的には上下に開く2枚の金型（縦割り型）で構成されます。また、低圧鋳造では、自動車のシリンダヘッドなどのように、製品内に中空部を形成する場合には、シェル中子が使用されます。

低圧鋳造では、キャビティ部分にはSKD61などのダイス鋼が用いられ、キャビティ以外の金型部品には炭素鋼が用いられます。金型には塗型が施されます。

❹用　途

図1-1-11に低圧鋳造の製品例を示します。

自動車のシリンダヘッドやホイールなどが生産されています。

表 1-1-7　低圧鋳造法の利点、欠点

利　点	欠　点
・押湯がないので、鋳物の鋳造歩まりが高い(90 %以上) ・砂中子を用いた薄肉の複雑形状の鋳物ができる ・ひけ巣やガス欠陥などの内部欠陥が少ない ・砂型鋳造や重力鋳造に比較して寸法精度が高い ・鋳造材料の範囲が広い ・ダイカストより設備費が安い ・自動化しやすい	・ストークをとおしての溶湯供給が、押湯を兼ねるため、湯口の位置や数が制約され、重力鋳造に比べて自由度が少ない ・金型温度が高いため、鋳造サイクルが長い ・保持炉内で溶湯の上下があるため、介在物生成やガス含有の可能性が高い

図 1-1-9　低圧鋳造機

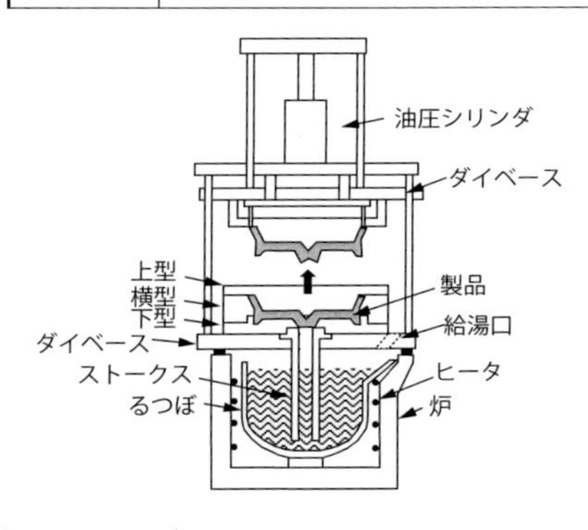

図 1-1-10　低圧鋳造用金型

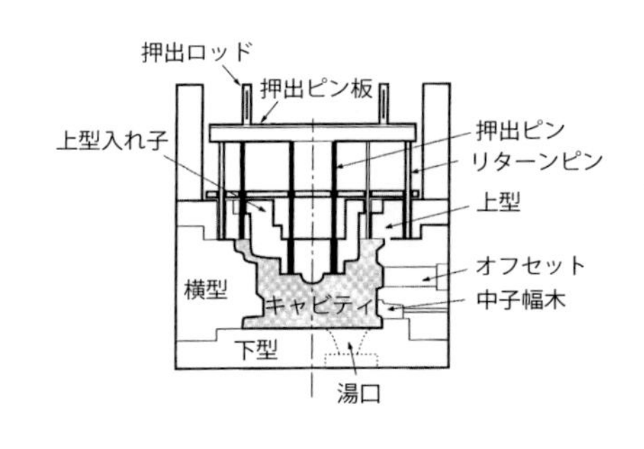

図 1-1-11　低圧鋳造製品の例

シリンダヘッド（写真提供：日本鋳造工学会）

自動車ホイール

要点 ノート

低圧鋳造法は、密閉された保持炉内に 0.01 ～ 0.1MPa の空気圧を作用させて溶湯を鋳込みます。溶湯が凝固した後、保持炉内を大気圧に開放して製品部以外の未凝固の溶湯がるつぼ内に戻るので歩留りが良いことが特徴です。

ダイカスト法

❶ダイカスト法とは

ダイカスト法は、金型鋳造法の一種で、溶融金属を精密な金型の中に高圧力を加えて充填して凝固させる鋳造方式です。得られた鋳物もダイカストと呼ばれます。一般的なダイカスト法では、金型内に充填されるときの溶湯の速度は30～70 m/sできわめて速く、0.1s以内の短時間に充填が完了します。また、充填完了後には30～100 MPaの高い圧力を加えて短時間に凝固させます。

表1-1-8にダイカストの利点、欠点を示します。

❷ダイカストマシン

ダイカストに使用される鋳造機には**図1-1-12**に示すようにコールドチャンバーダイカストマシンとホットチャンバーダイカストマシンがあります。前者は、主にアルミニウム合金に使用されます。後者は、主に亜鉛合金やマグネシウム合金に使用されます。

❸金　型

ダイカストに使用される金型は、**図1-1-13**に示すように固定型と可動型で構成され、2つを合わせることで溶融金属が鋳込まれて製品となる空間（キャビティ）が形成されます。固定型は、ダイカストマシンの固定盤に取り付けられ、溶湯を鋳込むための鋳込み口ブッシュがあります。可動型は、同じく可動盤に取り付けられ、押出機構として製品を押し出すための押出ピンとそれを動かす押出板があります。型開き方向と垂直な面の鋳抜き穴などは、引抜き中子を用いることで形成します。

キャビティを構成する入れ子は、溶湯と直に接触するため耐熱性に優れたSKD61などの熱間ダイス鋼が用いられます。入れ子は、焼入れ・焼戻しを行い硬さを高くします。キャビティ表面には、寿命向上のために窒化処理を行います。入れ子をはめ込むおも型（ホルダー）は、炭素鋼、鋳鉄、鋳鋼などが用いられます。金型内には、鋳込まれた溶湯の熱を奪うための冷却管が配置されています。

❹用　途

図1-1-14にダイカストの製品例を示します。アルミニウム合金では、シリ

ンダブロック、ロッカーカバーなどの自動車部品やエスカレータのステップなど多くの製品に使用されます。亜鉛合金では、自動車のドアハンドルやドア取手などのめっき品や塗装品などに使用されます。マグネシウム合金では、軽量性を活かしてノートパソコンやデジカメの筐体などに使用されます。

表 1-1-8 ダイカスト法の利点、欠点

利 点	欠 点
・生産性に優れる（ハイサイクルで鋳造できる） ・寸法精度に優れる ・鋳肌が滑らかできれいである ・薄肉製品に向いている ・金属組織が微細で、鋳放しでの機械的性質に優れる ・リサイクルが容易である ・鋳抜き穴が容易に作れる ・インサートの利用が容易である ・大量生産に向いている	・製品内のガス量が多く、溶接やT6熱処理ができない ・鋳造による欠陥発生が多い ・アンダーカットが不得意（特に中空品は難しい） ・設備費、金型費が高い ・少量生産には不向き

図 1-1-12 ユールドチャンバーダイカストマシン

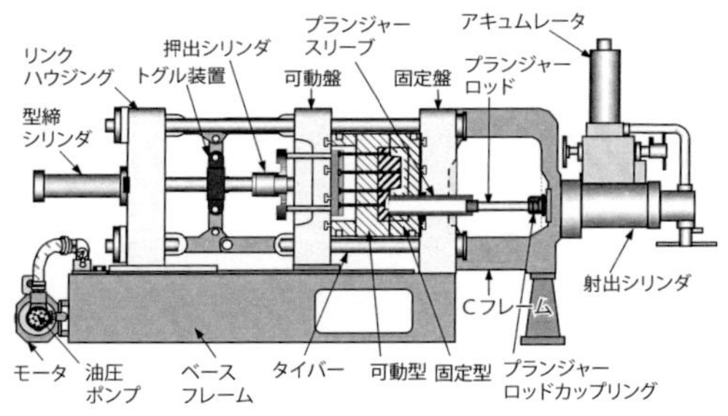

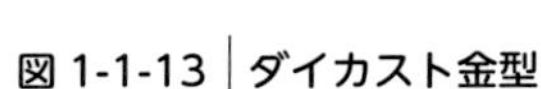

図 1-1-13 ダイカスト金型

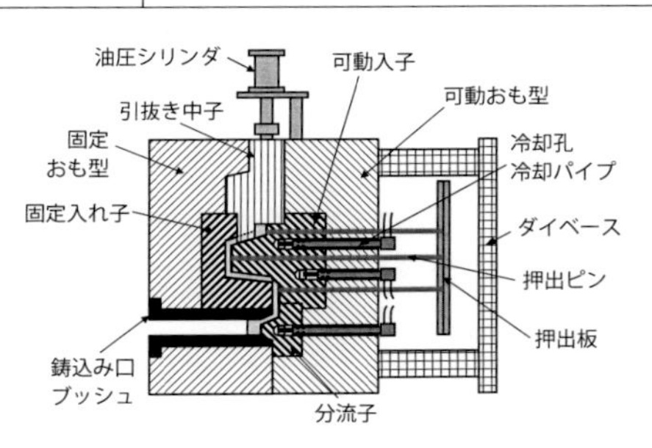

図 1-1-14 ダイカストの製品例

自動車シリンダーブロック
（アルミニウム合金）
（写真提供：日産自動車㈱）

ドアハンドル
（亜鉛合金）

ノートパソコン筐体
（マグネシウム合金）

要点 ノート

ダイカストは、精密な金型に溶湯を高速・高圧で射出、充填する鋳造法で短時間に薄肉で寸法精度に優れた鋳物を生産することができます。自動車部品を中心にさまざまな部品に使用されています。

金属加工法

金属の加工方法には、**表1-2-1**に示すようなさまざまな加工法があります。

❶鍛造加工

鍛造（たんぞう）加工とは、**図1-2-1**に示すように被加工材に圧力を加えて塑性（そせい）変形させて目的の形状に成形する方法です。人類が最初に金属を加工したのは鍛造加工であるといわれ、刃物や武具、金物などの製造技法として用いられてきました。

❷プレス加工

プレス加工は、**図1-2-2**に示すように金型の間に板状の金属をはさみ、工具（パンチ）によって強い力を加えることで、素材を工具の形に塑性成形させる方法です。加工速度が速く、低コストであることが特徴です。

❸鋳造加工

鋳造（ちゅうぞう）加工は、**図1-2-3**に示すように金属を加熱して溶融し、鋳型の空洞部に流し込んで冷やして目的の形状に固める加工方法です。形や大きさの自由度が高く、溶かすことができる金属であれば鋳造できます。

❹切削加工

切削加工は、**図1-2-4**に示すように金属素材を工具と呼ばれる刃物で不要な部分を除去することにより、目的の形状、精度に加工することです。高精度で複雑な形状の加工ができることが特徴です。

❺溶接加工

溶接加工は、**図1-2-5**に示すように2つ以上の部材を、アークやアセチレンガス燃焼炎などで加熱溶融して一体化させる方法です。製作費が安価にできたり、工数の節減ができたりなどの特徴があります。

鋳造と競合する加工法は、鍛造加工です。鍛造品は、素材の鋳造組織が塑性変形により破壊されてメタルフローが得られ、また組織が緻密で内部欠陥がないため鋳物より強度が向上します。しかし、加工工数が多くなるので、鋳物にくらべてコストが高くなります。また、あまり複雑な形状の製品の成形は難しいといわれます。

表 1-2-1　主な金属加工法の種類と特徴 1)

加工法	概略	特徴	対象金属例
鍛造加工	素材に打撃・加圧などの機械的な力を加えて成形する	・メタルフローが得られ強度が向上する ・組織が緻密で内部欠陥がない ・機械加工が省略、または節減できる	鉄、銅、チタン、アルミニウム など
プレス加工	対になった金型の間に挟んだ素材に強い力を加えることで成形する	・加工速度がいちじるしく速い ・製造コストが低い ・薄肉化が可能 ・形状の自由度が低い	鉄、銅、チタン、アルミニウム など
鋳造加工	溶解した金属を型に注入して冷却・凝固させて成形する	・形状、大きさの自由度が高い ・ほとんどの金属に適用できる ・１個でも数万個でも同じものができる	鉄、銅、チタン、アルミニウム、マグネシウム、亜鉛 など
切削加工	切削工具類を用いて素材を削って成形する	・複雑な形状の加工ができる ・高精度な加工ができる ・多品種少量生産に対応できる ・ほとんどの金属に適用できる	鉄、銅、チタン、アルミニウム、マグネシウム、亜鉛 など
溶接加工	2つ以上の部材に熱を加えて溶融・一体化させて成形する	・製作費が安価にできる ・工数の節減ができる ・変形、膨張収縮、残留応力による破壊が起きることがある	鉄、銅、チタン、アルミニウム、マグネシウム、亜鉛 など

図 1-2-1　鍛造加工

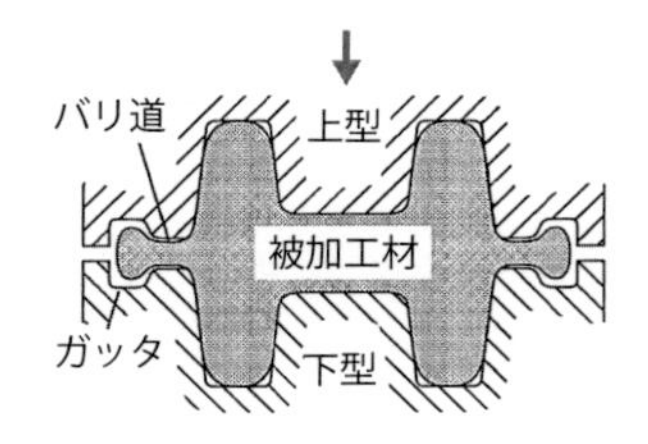

図 1-2-2　プレス加工

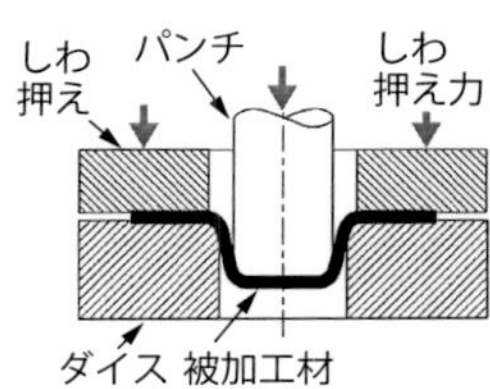

図 1-2-3　鋳造加工

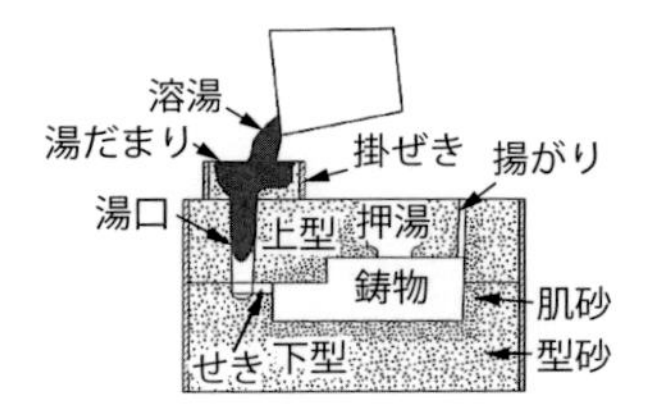

図 1-2-4　切削加工

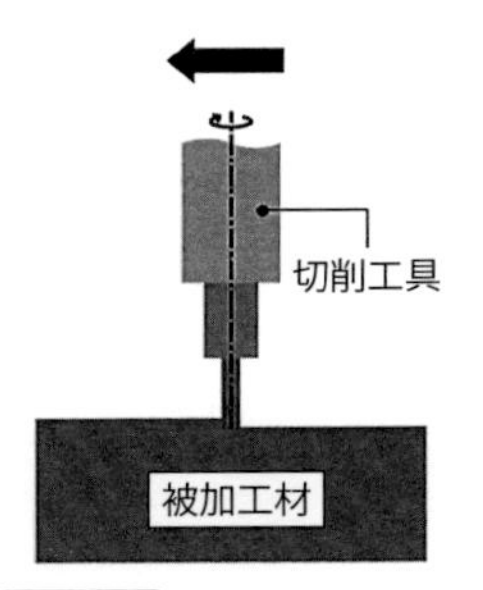

図 1-2-5　溶接加工

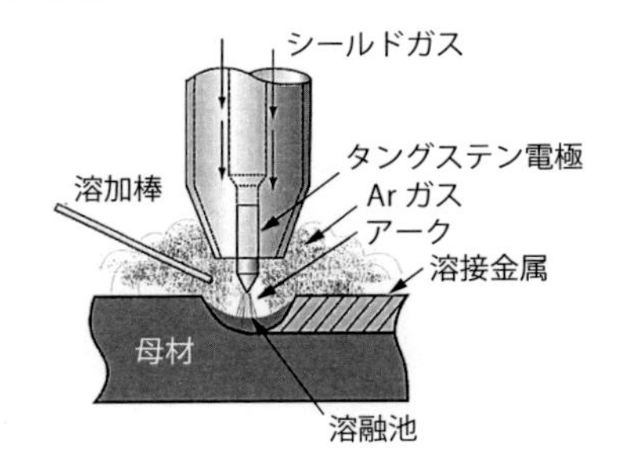

要点 ノート

金属の加工法には、鍛造、プレス、鋳造、切削、溶接などさまざまな工法がありますが、鍛造と鋳造がもっとも古くから行われている加工法です。加工する材料、部品によってそれぞれ使い分けされます。

鋳造とは

鋳造（ちゅうぞう）とは、**図1-2-6**に示すように金属や合金を融点より高い温度で溶かして、作りたいものと同じ形状の空洞部を持つ型に、流し込み、冷やして固める加工方法です。材料を高温で溶かすことを溶解（ようかい）、固体状態に固まることを凝固（ぎょうこ）といいます。溶けた金属のことを溶湯（ようとう）といいます。現場では単に“湯”とか“お湯”などという場合があります。また、金属を溶かすことを“湯をわかす”などともいうことがあります。

鋳造法には次のような特徴があります。

❶長　所

(a)形状の自由度：鋳造の最大の特徴は、溶融金属を用いた加工法であることから、切削などのほかの工法に比べて、形状の自由度が高く、**図1-2-7**に示すようにさまざまな形状に対応できます。

(b)大きさの自由度：アクセサリーなどの1g以下の小型の鋳物から**図1-2-8**のような大仏などの数100トンまでの大形鋳物が生産できます。

(c)材料の自由度：鋳造に使われる材料は、鋳鉄、鋳鋼、アルミニウム合金、銅合金、マグネシウム合金、亜鉛合金、チタン合金、すず、銀、金など溶かすことができればほとんどの金属・合金が鋳造できます。

(d)生産数の自由度：鋳造法の種類により、1個から数百万個、数千万個あるいはそれ以上の製品を鋳造することができます。

(e)優れたリサイクル性：鋳物の廃品は溶解して再び鋳造することができます。また、原料としてスクラップなどを使用することもできます。

❷短　所

(a)未充填の発生：鋳型内を流動中に溶湯の温度が低下して鋳型内を充填しきれないで**図1-2-9**に示すような充填不足（未充填）を発生することがあります。

(b)ひけ巣の発生：溶湯が鋳型内で凝固する際に、体積が減少（凝固収縮）して、鋳物内部に**図1-2-10**に示すような空洞（ひけ巣）が発生することがあります。

(c)ひずみの発生：凝固後から室温まで冷却される間に、金属の熱収縮によって寸法が変化します。また、冷却が均一に行われないと熱応力によって製品形状に変形が生じることがあります。

図 1-2-6 鋳造の工程

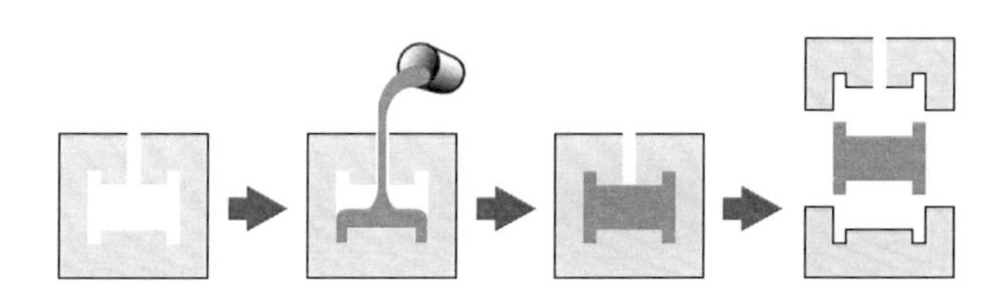

図 1-2-7 精密鋳造法によるイヤリング

（写真提供：StudioMIZU.com）

図 1-2-8 砂型鋳造法による奈良の大仏

図 1-2-9 充填不足による欠陥

（写真提供：日本鋳造工学会）

図 1-2-10 凝固収縮によるひけ巣欠陥

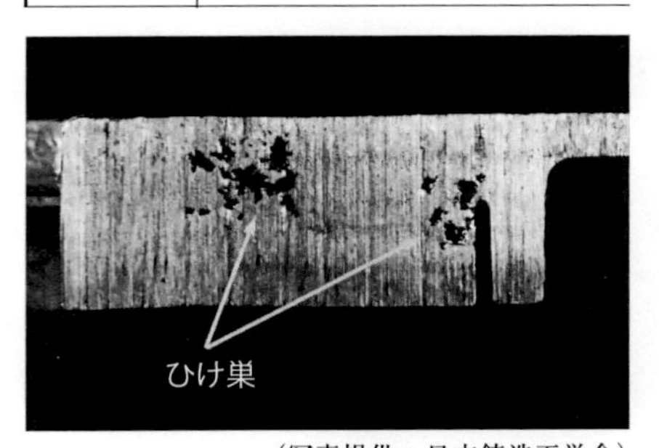

（写真提供：日本鋳造工学会）

要点 ノート

金属を溶かして形をつくる鋳造は、金属加工の中でも優れた特徴を持っています。形状、大きさ、材料などの自由度が高く、身の回りの生活用品から工場で使う産業機械などのさまざまな部品が鋳造で作られます。

鋳造の歴史

❶鋳造の始まり

人類が鋳造を始めた時期は、明確なことは判っていませんが、紀元前4000年ごろにメソポタミア地方で銅を溶かして型に流し込み、いろいろな器物をつくったのが始まりだとされています。

紀元前2000年以降にふいご（送風装置）が発明され、エジプトのテーベの遺跡より出土したパピルスに描かれた絵には、**図1-2-11**に示すように足踏みふいごでるつぼ内の銅を溶解し、その当時の扉をつくる鋳造の様子が描かれています。鋳型は、砂岩質の石を彫って作った片面のみの簡単な**図1-2-12**に示すような開放鋳型が用いられたとされます。その後、溶解炉やふいごも改良され、鋳型も2個の鋳型を合わせてその隙間に溶湯を流し込む合わせ型や中空鋳物を作るための中子なども発明されました。**図1-2-13**に紀元前3000年前の青銅製の斧の鋳物と鋳型を示します。鋳型は粘土が使用され、斧（おの）には柄を取り付けるための穴があることから中子が使われたと思われます。

鉄の鋳造は、紀元前700年ごろの中国で最初に始まったとされています。中国では紀元前2100～紀元前1600年ごろの遺跡から、土器類とともに青銅器の破片が発見されて、銅合金鋳物が先行して作られていました。その後、紀元前770～紀元前475年ごろに鉄の精錬と鉄器が使用され、河北省で鎌（かま）の鉄鋳型が出土したことから、このころにはすでに鋳鉄の鋳造が行われていたと考えられます。

❷日本の鋳造の始まり

日本には、紀元前300年ごろ南朝鮮から北九州の海岸地帯に、弥生式土器とともに青銅器と鉄器が、同時に中国大陸から朝鮮半島を経て日本に渡来したと考えられています。日本で鋳造が始まったのは紀元前100～紀元100年ごろといわれています。作られた鋳物は、中国大陸から渡来した銅利器（銅製の鋭利な刃物や武器）の模倣から始まり、次第に銅鐸（たく）、銅釧（くしろ：腕輪）、銅鏡、楯（たて）、刀剣など日本独自の形が作られるようになりました。

奈良時代になると、仏像や梵鐘（ぼんしょう）などが盛んにつくられるようになりました。日本最古の銅銭といわれる「富本銭」は、683年に作られたとされます。1999

年1月に飛鳥京跡の飛鳥池工房遺跡から33点の富本銭が発掘され、鋳棹、湯道などもあり、鋳型は粘土で作られていました。

745年に聖武天皇の発願で奈良東大寺の大仏の建立が始まり、752年に開眼供養会が行われました。高さ15 m、重さ250トンという巨大な青銅鋳物で、**図1-2-14**に示すように8段に分けて鋳造されました。

鉄鋳物は、日本では4世紀ごろから中国大陸から原料地金を輸入して作られていました。製鉄は6世紀頃から砂鉄を原料とした「たたら製鉄」が行われるようになりしました。しかし、鉄鋳物が広く作られたのは9世紀以降で、鋤、鍬などの農耕具や茶釜、鉄仏などが盛んに作られるようになりました。

図 1-2-11　パピルスに描かれた扉の鋳造の様子

図 1-2-12　片面開放鋳型

図 1-2-13　5000 年前の斧の鋳物と鋳型

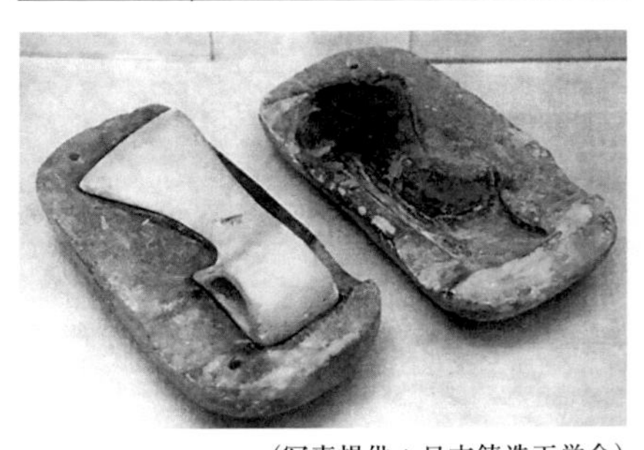

（写真提供：日本鋳造工学会）

図 1-2-14　奈良の大仏の作り方

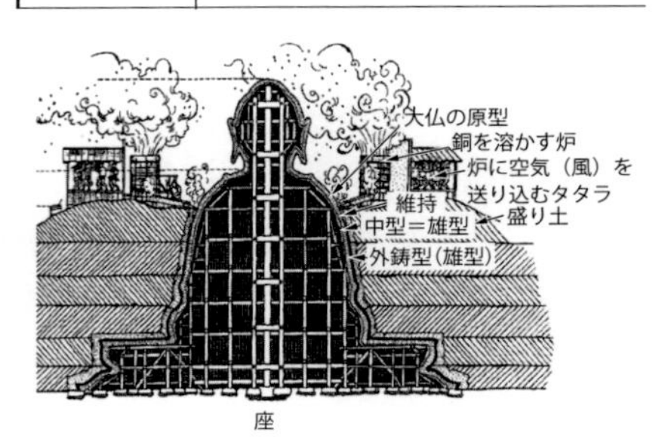

（出典：「奈良の大仏」香取忠彦他）

要点　ノート

鋳造法は、金属の加工法の中でも鍛造に続いて長い歴史があります。今から6000年前に中東で始まった鋳造はやがてヨーロッパ、アジアに広がり、文明を支える主要な金属加工法として発展してきました。

鋳造における基本原理・原則

❶物質の三態

さまざまな物質は、**図1-2-15**に示すように、温度や圧力の変化によって液体、固体、気体の3つの状態になります。これを物質の三態といいます。固体は、低温で原子や分子（これらを微粒子とします）が規則的な配列をしていますが、温度が上昇して融点に達すると熱運動により微粒子の配列が乱れて比較的自由な運動のできる液体状態になります。これを融解といい、逆に液体から固体に変わることを凝固といいます。さらに温度が上昇すると、微粒子の熱運動が激しくなり相互の間隔が広がりそれぞれ自由な運動をするようになり気体状態になります。これを蒸発といい、逆に気体から液体に変わることを凝縮といいます。物質によっては固体状態から直接に気体状態になる場合もあり、これを昇華といいます。

鋳造は、固体状態の金属を融点よりも高い温度に加熱・融解させて液体（溶湯）にしたあと、鋳型に作られた空洞部にこの溶湯を流し込み、冷却・凝固させて目的の形を作る加工法で、融解と凝固の相変態を利用したものです。

多くの物質は、液体から固体に相変態する際に、**図1-2-16**に示すように原子が規則正しく配列するために体積が収縮します。これを、凝固収縮といいます。しかし、水に代表されるように一部の物質は液体から固体の相変態によって体積が膨張するものもあり、SiやC（黒鉛）などが当てはまります。

鋳造では、鋳型に鋳込まれた溶湯が凝固する際に、体積が収縮しますが、この収縮分を補うことができないと内部に空洞ができることがあります。これをひけ巣といいます。鋳鉄や多くのアルミニウム合金は、凝固時に体積が膨張するC（黒鉛）やSiなどが添加されていますので、純金属に比較してひけ巣が小さくなります。

また、凝固収縮以外にも溶融状態、固体状態でも温度が低下することによって、熱収縮するので体積（二次元的には寸法）が小さくなります。

❷凝固形態

鋳型内の溶湯が凝固する際には、合金組成によって大きく分けて**図1-2-17**に示すように2つの凝固の仕方があります。**図1-2-18**にAl-Si二元系状態図の模式図を示します。純Alの融点は660 ℃で、これにSiが添加されると液相線温度が低下して、Siが12.6 %でAlとSiが同時に晶出する577 ℃の共晶点に達します。純AlおよびAl-12.6 %Siはそれぞれ660 ℃、577 ℃で液体／固体の相変態が起こります。このような場合の凝固は、図1-2-17(a)に示すように、鋳型壁から順次中心部に向かって凝固し、表皮形成型（Skin formation type）凝固と呼ばれます。また、液相線と固相線、あるいは共晶線で囲まれた固体と液体が共存する領域（固液共存領域）の合金は、図1-2-17(b)に示すように鋳型内のさまざまな場所で固相が晶出しながら順次鋳型側から凝固が進むので粥（かゆ）状（Mushy あるいはPasty manner type）型凝固と呼ばれます。凝固形態の違いは、ひけ巣の発生や湯流れ性に影響するので十分認識しておく必要があります。

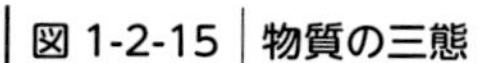
図 1-2-15　物質の三態

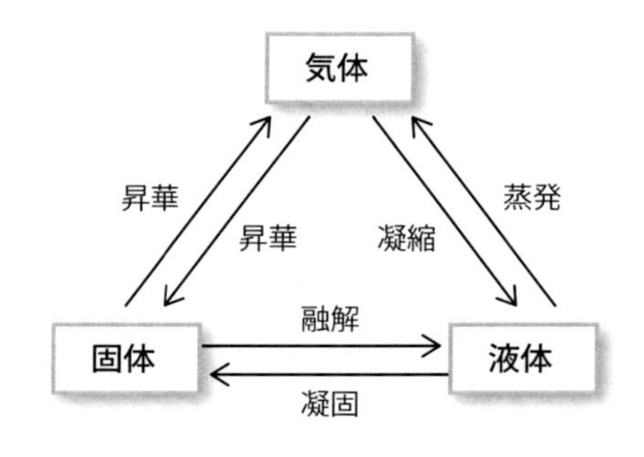

図 1-2-16　液体および固体状態での原子の配置模式図

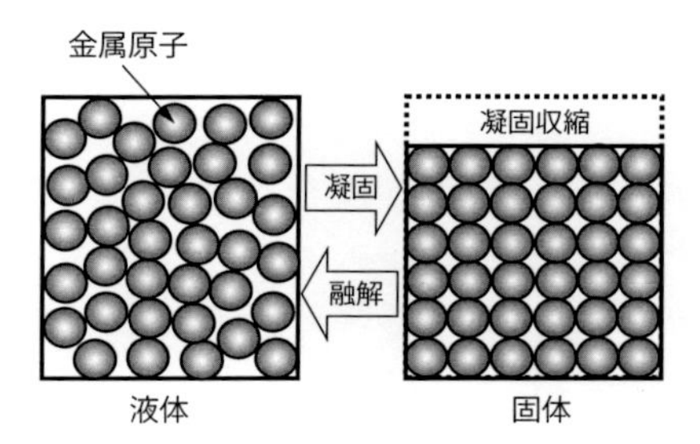

図 1-2-17　凝固形態の模式図

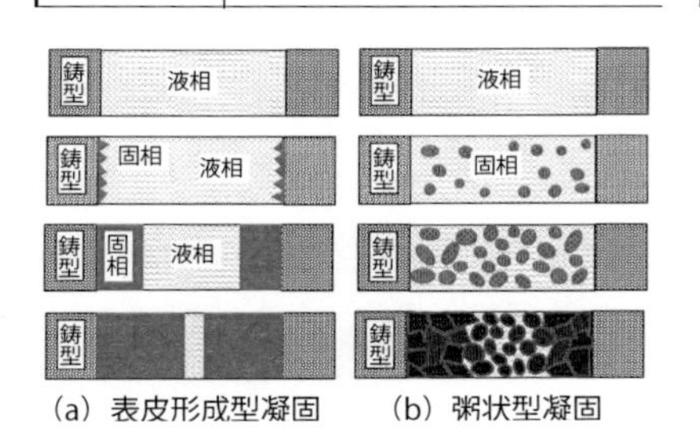

図 1-2-18　Al－Si 二元系状態図

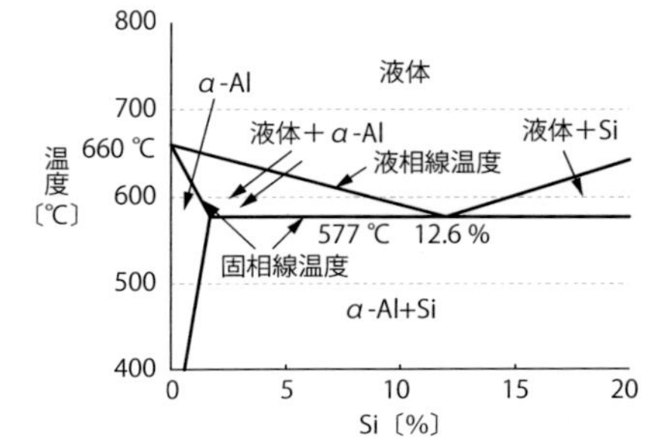

要点 ノート

鋳造では避けてとおれないさまざまな基本原理・原則があります。これらを無視すると鋳物に欠陥を発生したり、生産性を損ねたりします。原理・原則を正しく理解して、鋳物作りを行う必要があります。

鋳物の用途

鋳造は金属を溶かして鋳型に入れて複雑な形の部品を容易に作ることができるので、鋳物は自動車部品、機械部品、建築部品、日用品、美術工芸品などさまざまな用途で使用されています。このように鋳物は私たちの生活にはなくてはならない存在となっています。**表1-2-2**に鋳造に使われる主な材料とその用途について示します。

❶鋳　鉄

鋳鉄は、Fe、CおよびSiを主成分とした合金で、Cを2.14％以上含有しています。Cは、C量やSiの少ないときはセメンタイト（Fe_3C）、多いときは黒鉛として存在しており、潤滑性に優れ、熱伝導が良いので摩擦熱を逃がしやすく、振動吸収能が高く、熱衝撃にも強い、などの特徴があります。自動車関連では、クランクシャフト、カムシャフトブレーキなどに使われます。身の回りの製品としては、マンホールの蓋、すき焼き鍋、フライパンなどがあります。

❷鋳　鋼

鋳鋼は、鋼（C量0.02～2.14％）の鋳造品のことをいい、炭素鋼鋳鋼と合金鋼鋳鋼があります。炭素鋼鋳鋼は、焼なまし、焼ならし処理によって特性を改善してブラケットや自動車、鉄道車両部品などに用いられています。また、合金鋼鋳鋼は、マンガン、クロム、ニッケルなどを添加した合金で、代表的なものとして化学プラントのバルブなどに使われるステンレス鋼鋳鋼があります。

❸銅合金

銅合金鋳物は、電気・熱伝導、耐食性に優れるほか、強度、耐摩耗性、軸受特性がよく、数少ない有色金属として美しい特徴があります。用途としては、水道関連金具などの建築関連部品、電気用ターミナルなどの電気関連部品、軸受けなどの産業用機器部品、プロペラなどの船舶用機械部品、銅像や欄干（らんかん）などの美術・景観部品などがあります。

❹アルミニウム合金

アルミニウム合金鋳物は、軽量で熱・電気伝導、耐食性、機械的性質、リサイクル性に優れており、外観も美麗であるという特徴があります。アルミニウム合金は、砂型鋳造、金型鋳造、ダイカストなどさまざまな鋳造法が適用され、特にダイカストでは、シリンダブロック，トランスミッションケースなどの自動車部品に多く採用されています。

❺マグネシウム合金

マグネシウムは、比重が1.74で、実用金属中でもっとも軽い金属です。マグネシウム合金鋳物は、軽量で比強度、振動吸収性、電磁シールド性に優れています。したがって、その特徴を活かして、ノートパソコン、携帯電話，一眼レフカメラなどの筐体に多く使用されています。マグネシウム合金の鋳造法としては、砂型鋳造、金型鋳造、ダイカストなどがありますが、主にダイカストで生産されます。

❻亜鉛合金

亜鉛合金鋳物は、融点が低く鋳造性が良好で薄肉製品や複雑な製品に使用されます。また、寸法精度、切削性、めっき性に優れる特徴があります。亜鉛合金の鋳造法としては、砂型鋳造、金型鋳造、精密鋳造、ダイカストなどがあります。主にダイカストでの鋳造が行われ、めっき性を活かした自動車のドアハンドル、業務用冷蔵庫ハンドル，自動販売機ロック操作レバー，配電盤ハンドルなどに採用されています。

表 1-2-2 鋳造に使われる主な材料とその用途

材　料	用途例
鋳鉄	クランクシャフト、カムシャフト、ブレーキロータ、オイルポンプハウジング、シリンダブロック、ディーゼル用シリンダヘッド、デフケース、マンホール蓋、すき焼き鍋、フライパン、鉄瓶、鍋、ストーブ など
鋳鋼	クラシャ、粉砕器用ハンマ、ローラ、ロールハウジング、キャタピラ、歯車、クランクシャフト、船舶用クランクスロー・スタンフレーム・ラダーホーン、鉄道用連結器・ブレーキシュー、化学プラント用ポンプ、タービンハウジング など
銅合金	水道じゃぐち、電気用ターミナル、吸水栓用バルブ・継ぎ手、油圧・空圧用バルブ、ポンプ胴体、海水ポンプ、梵鐘、仏像、おりん、ブックエンド、トレイ、銅像、ブロンズ彫刻 など
アルミニウム合金	シリンダブロック、トランスミッションケース、シリンダヘッド、エンジンマウントブラケット、コンバータハウジング、エスカレータステップ、ガーデンチェア・ベンチ、門扉、フェンス など
マグネシウム合金	ノートパソコン筐体、携帯電話筐体、一眼レフカメラ筐体、ビデオカメラ筐体、プロジェクタ用レンズフレーム など
亜鉛合金	業務用冷蔵庫ハンドル、自動販売機ロック操作レバー、配電盤ハンドル、コピー機用フランジ軸、カメラ用ファインダ部品、コネクタ部品 など

要点 ノート

私たちの身の回りには自動車、家電、日用品などさまざまな製品に鋳物が使われています。今日では、鋳物は私たちの生活にはなくてはならないものとなっています。

鋳鉄の種類・特性を知る

❶鉄の鋳物

鉄の鋳物にはさまざまな種類があります。**図1-3-1**に鉄の鋳物の分類を示します。炭素（C）量が0.02～2.1％程度含まれる鋼（はがね）を鋳造したものを鋳鋼（ちゅうこう）といいます。Cの含有量がおおよそ2.1％以上で、けい素（Si）が含有される鉄鋳物を鋳鉄（ちゅうてつ）といいます。一般的には2.5～3.5％のCを含むものが多く用いられます。

❷鋳鉄とは

鋳鉄は、C量が多くSi量が多いと黒鉛（グラファイト）が晶出します。通常この黒鉛は片状に晶出します。破面が灰色をしているのでねずみ鋳鉄といいます。通常、鋳物は凝固とともに収縮しますが、黒鉛は生成する際に体積が膨張して凝固による収縮を補い、鋳型どおりの鋳物になります。

鋳込み直前の溶湯にマグネシウム（Mg）、セリウム（Ce）などを加えると（これを接種といいます）組織中の黒鉛の形が球状になります。これを球状黒鉛鋳鉄といいます。C量やSi量が少なかったり、冷却速度が速かったりすると「チル化」（白銑化ともいいます）といって黒鉛が晶出せず、鉄と炭素の化合物（セメンタイト：Fe_3C）が晶出します。これが白鋳鉄です。

❸鋳鉄の機械的性質と用途

図1-3-2にマウラーの組織図を示します。鋳鉄の成分範囲と組織とを区分したもので、C量、Si量が多いⅢの領域では基地組織がフェライト（C量の少ない鉄）となり強度が低いですが、C量とSi量がⅡの領域では基地組織がパーライト（フェライト＋セメンタイト）になり、強度が高くなります。また、C量、Si量が少ないⅠの領域では白鋳鉄となります。

表1-3-1にねずみ鋳鉄の種類と機械的性質を示します。鋳鉄の強度は、黒鉛の大きさや分布状態によって変化します。黒鉛自体はほとんど強度がないため黒鉛が小さく均一に分布しているほど強度は高くなります。**表1-3-2**に球状黒鉛鋳鉄の種類と機械的性質を示します。黒鉛形状が球形なので、応力集中しにくく引張強さ、伸びなどに優れ、ねずみ鋳鉄よりも数倍の強度を持ち、粘り強さ（靭性）が優れています。

図 1-3-1 主な鉄鋳物の分類

- 鉄鋳物
  - 鋳鋼（炭素量 2.1% 以下）
    - 炭素鋼鋳鋼
    - 合金鋼鋳鋼
  - 鋳鉄（炭素量 2.1% 以上）
    - ねずみ鋳鉄：黒鉛が片状に晶出（引張強さ 100～350 MPa）
    - 球状黒鉛鋳鉄：黒鉛が球状に晶出（引張強さ 350 MPa 以上）
    - 白鋳鉄：炭素が炭化物として晶出

図 1-3-2 マウラーの組織図 1)

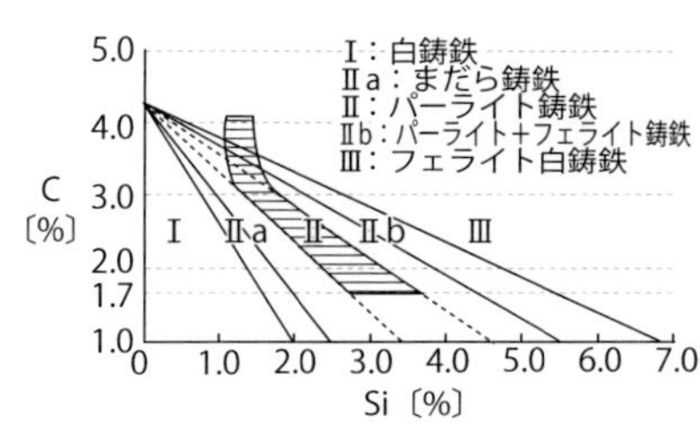

表 1-3-1 ねずみ鋳鉄の機械的性質

(JIS G 5501:1995)

種類の記号	引張強さ〔MPa〕	ブリネル硬さ〔HB〕
FC100	>100	<201
FC150	>150	<212
FC200	>200	<223
FC250	>250	<241
FC300	>300	<262
FC350	>350	<277

表 1-3-2 球状黒鉛鋳鉄鋳物の JIS 規格 (JIS G 5502:2001)

種類の記号	引張強さ	耐力	伸び	シャルピー吸収エネルギー			（参考）	
	N/mm^2	N/mm^2	%	試験温度℃	3個平均 J	個々の値 J	硬さ HB	基地組織
FCD350-22	350 以上	220 以上	22 以上	23±5	17 以上	14 以上	150以下	フェライト
FCD350-22L				-40±2	12 以上	9 以上		
FCD400-18	400 以上	250 以上	18 以上	23±5	14 以上	11 以上	130~180	
FCD400-18L				-20±2	12 以上	9 以上		
FCD400-15			15 以上	–	–	–		
FCD450-10	450 以上	280 以上	10 以上				140~210	
FCD500-7	500 以上	320 以上	7 以上				150~230	フェライト＋パーライト
FCD600-3	600 以上	370 以上	3 以上				170~270	パーライト＋フェライト
FCD700-2	700 以上	420 以上	2 以上				180~300	パーライト
FCD800-2	800 以上	480 以上					200~330	パーライトor焼戻し組織

要点 ノート

鉄の鋳造は古くから行われてきていますが、今日でも自動車部品用、一般機械用、公共事業用など鋳物全体の生産量の 70 % 以上を占めています。特に球状黒鉛鋳鉄は、強度、伸び、靭性に優れ鋳鋼に匹敵する特性があります。

鋳鋼の種類・特性を知る

❶鋳鋼とは

鋳鋼は、鋳鉄のように黒鉛を晶出しないので、靱(じん)性、延性に優れた特性があります。鋳鋼の多くは、砂型鋳造で製造されますが、一部は金型鋳造法、精密鋳造法などでも製造されることがあります。

鋳鋼は、前項で述べた鋳鉄に比べて炭素量が少ないために、溶解温度が高く、凝固時の体積収縮（凝固収縮）が大きいなど鋳造は難しいといわれます。しかし、切削加工や鍛造加工などでは作りにくい複雑な形状、湾曲した形状、中空部を持つ製品を1回の鋳造で作ることができるため、広く使用されています。

鋳鋼品は、場所によって凝固時、あるいは凝固後の冷却速度が異なるため、合金元素の偏析や組織の不均一が起こったり、内部応力を発生したりします。**図1-3-3**に0.3％C鋳鋼の鋳放し組織と焼きならし組織を示します。(a)の鋳放しの組織中には、結晶粒界などに方向性のあるフェライトのウィドマンシュテッテン状の組織が観察され、そのため機械的性質を悪くします。(b)の焼きならし組織では、熱処理によって方向性がなくなっているのがわかります。したがって、鋳鋼は鋳鉄のように鋳放しのまま使用されることは少なく、熱処理を行って組織を調整してから使用されるのが一般的です。

❷鋳鋼の種類と特性

図1-3-4に鋳鋼の種類を示します。鋳鋼は、炭素鋼鋳鋼と合金鋼鋳鋼に大別されます。炭素鋼鋳鋼は、C以外にSiを約0.5％以下、Mnを約0.8％以下を含む以外、ほかの合金成分を含みませんが、合金鋼鋳鋼はC以外にCr、Mn、Mo、Ni、Siなどの元素を添加した鋳鋼で、添加元素の多少により低合金鋼と高合金鋼に分類されています。

炭素鋼鋳鋼は、炭素量が0.20％以下のものを低炭素鋼、0.20～0.50％範囲のものを中炭素鋼、0.50％以上のものを高炭素鋼と呼んでいます。炭素鋼鋳鋼は引張強さによって、**表1-3-3**に示すようにSC360、SC410、SC450、SC480の4つに分類され、そのほかに中炭素鋼の高張力炭素鋼にはSCC3、SCC5があります。炭素量の増加とともに強度が増し、靱性が低下するため、使用目的に応じて適当な鋼種を選ぶ必要があります。炭素鋼鋳鋼は、焼なまし、焼ならし処理をほどこして使用され、電動機部品、発電所用機械部品、鉄道車両部品などに用いられています。

合金鋼鋳鋼にはさまざまな種類があり、Mn、Cr、Moなどを添加して耐食、耐熱、耐摩耗性などを向上させた低合金鋼鋳鋼として低マンガン鋼鋳鋼(SCMn)、マンガンクロム鋼鋳鋼(SCMnCr)、マンガンモリブデン鋼鋳鋼($SCMnM_3$)があります。

図1-3-3 0.3%C亜共析鋼の鋳放し組織と焼ならし組織

(a)鋳放し組織

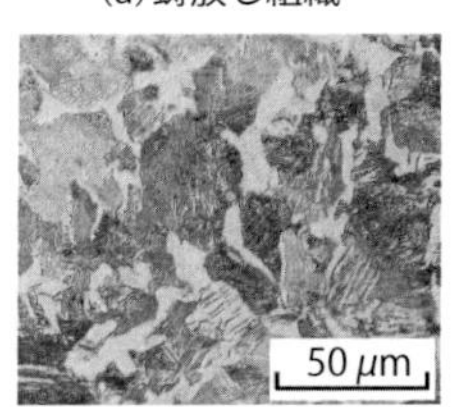

(b)焼ならし組織

図1-3-4 鋳鋼の種類

鋳鋼

- 炭素鋼鋳鋼（cast steel）(JIS G 5101：1991)
  - ・・・特殊元素を含まないFe-C 系鋳物
  - ●低炭素鋼鋳鋼
  - ●中炭素鋼鋳鋼
  - ●高炭素鋼鋳鋼
- 合金鋳鋼・・・Mn、Cr、Mo、Si、Ni などを添加した鋳鋼 (JIS G 5111：1991、G5 113：2008)
  - 低合金鋼鋳鋼
    - ●低マンガン鋳鋼(SCMn)
    - ●シリコンマンガン鋳鋼(SCSiMn)
    - ●マンガンクロム鋳鋼(SCMnCr)
    - ●マンガンモリブデン鋼鋳鋼(SCMnM2)
    - ●ニッケルクロムモリブデン鋼鋳鋼(SCNCr)
  - 高合金鋼鋳鋼
    - ●高マンガン鋳鋼(SCMnH)
    - ●耐熱鋼鋳鋼（SCH)
    - ●ステンレス鋼鋳鋼(SCS)

表1-3-3 炭素鋼鋳鋼の機械的性質および化学組成

JIS記号	機械的性質				化学成分〔%〕						
	降伏点 MPa	引張強さ MPa	伸び%	絞り%	C	Si	Mn	P	S	Cr	Mo
SC360	175以上	360以上	23以上	35以上	0.20以下	−	−	0.04以下	0.04以下	−	−
SC410	205 〃	410 〃	21 〃	35 〃	0.30 〃	−	−	〃	〃	−	−
SC450	225 〃	450 〃	19 〃	30 〃	0.35 〃	−	−	〃	〃	−	−
SC480	245 〃	480 〃	17 〃	25 〃	0.40 〃	−	−	〃	〃	−	−

要点 ノート

鋳鋼は、鋼を溶融して鋳型に鋳込んで凝固させて作った鋳物で、切削や鍛造などでは成形が難しい形状の製品に適用されます。炭素鋼鋳鋼と合金鋼鋳鋼があり、それぞれ目的とする特性に合わせて使い分けされます。

銅合金の種類・特性を知る

❶銅の特性

銅は、密度が8.94 g/cm^{3}で、金属の中では銀に続いて2番目に電気・熱伝導性に優れています。また銅は金と並んで色のある金属（有色金属）です。軟らかく展延性に優れ加工しやすい材料です。銅は、表面に保護被膜を作るために耐食性に優れます。

❷銅鋳物の種類と特性

銅鋳物の鋳造法としては、合金種にもよりますが砂型鋳造、重力金型鋳造、ダイカストなどがありますが、砂型鋳造がもっとも多く用いられます。

表1-3-4に銅鋳物の種類、特徴、用途を示します。銅鋳物には大きく分けて純銅系鋳物、黄銅系鋳物、青銅系鋳物の3種類があります。

純銅系鋳物、黄銅系鋳物は、凝固温度範囲が0、もしくはかなり狭いので第1章4節で紹介した表皮形成型の凝固形態となりますが、青銅系鋳物は凝固温度範囲が広く、粥（かゆ）状型の凝固形態となります。

(1)純銅系鋳物

純銅系の鋳物は、純度の違いにより3種類があります。純銅と同様に電気・熱伝導性が高く、鋳造性に優れています。優れた電気・熱伝導性を活かして架線金具、電気機器の部品全般、電極ホルダーなどに使用されます。

(2)黄銅系鋳物

黄銅鋳物は、CuとZnの合金で真鍮（しんちゅう）とも呼ばれます。鋳造性に優れており、耐食性や耐摩耗性などの性能にも優れています。亜鉛の含有量によってCAC201、CAC202、CAC203などがあり、電機部品、計器部品、建築金具、日用・雑貨などに使用されます。

高力黄銅鋳物は、CAC203にAl、Fe、Mn、Sn、Niなどを添加した合金で、耐海水性や耐摩耗性に優れた合金です。船舶用プロペラなどの部材やベアリング、ウォームギヤなどに使用されます。

(3)青銅系鋳物

青銅鋳物は、CuとSn、Zn、Pbの合金で、鋳造性、耐圧性、耐摩耗性、耐食性に優れ、鋳肌も美麗である特徴があります。軸受け、バルブ、ポンプ胴体などの機械部品のほか、景観鋳物、美術鋳物などにも使用されます。

その他、青銅系銅鋳物には、青銅にPを添加したりん青銅（CAC500番系）や、Pbを添加した鉛青銅（CAC600番系）、Alを添加したアルミニウム青銅（CAC700番系）、Siを添加したシルジン青銅（CAC800番系）などがあります。

表 1-3-4 銅および銅合金鋳物の種類、特徴、用途

種類	合金系	JIS記号	特　徴	主な用途
銅鋳物	純銅系	CAC101、102、103	導電性、熱伝導性および機械的性質がよい	羽口、大羽口、冷却板、熱風弁、電極、一般機械部品など
黄銅鋳物	Cu-Zn系	CAC201、202、203	ろう付けしやすい。鋳造性がよい	フランジ類、装飾用品、給排水金具、建築用金具、一般機械部品、日用品・雑貨品など
高力黄銅鋳物	Cu-Zn-Mn-Fe-Al系	CAC301、302	黄銅鋳物より強さおよび硬さに優れ、耐食性および靭性も良好	舶用プロペラ、プロペラボンネット、軸受、弁座、軸受保持器、アーム、ウォームギヤなど
	Cu-Zn-Al-Mn-Fe系	CAC303、304		
青銅鋳物	Cu-Zn-Pb-Sn系	CAC401	鋳造性および被削性、耐圧性、耐摩耗性、被削性がよい	軸受、バルブ、ポンプ胴体、電動機器部品スリーブ、ブシュ、舶用丸窓、景観鋳物、美術鋳物など
	Cu-Sn-Zn系	CAC402、403		
	Cu-Sn-Zn-Pb系	CAC406、407、408		
	Cu-Sn-Zn-Ni-S系	CAC411		
りん青銅鋳物	Cu-Sn-P系	CAC502A、502B、503A、503B	硬さ、耐摩耗性がよい。鉛浸出量は少ない	歯車、ウォームギヤ、軸受、ブシュ、スリーブ、羽根車など
鉛青銅鋳物	Cu-Sn-Pb系	CAC602、603、604、605	耐圧性、耐摩耗性、なじみ性がよい	中高速・高荷重用軸受、シリンダ、バルブなど
アルミニウム青銅鋳物	Cu-Al-Fe-Ni-Mn系	CAC701、702、703、704	高強度、高靭性、耐食性、耐摩耗性がよい	舶用小形プロペラ、軸受、歯車、ブシュ、バルブシート、ステンレス鋼用軸受など
シルジン青銅鋳物	Cu-Si-Zn系	CAC801、802、803	高強度で耐食性、鋳造性がよい	舶用艤装品、軸受、歯車、ボート用プロペラなど
ビスマス青銅鋳物	Cu-Sn-Zn-Bi系	CAC901、902、903、904、	鉛浸出量はほとんどない。機械的性質および耐圧性がよい。被削性は劣る	給水装置器具・水道施設器具用各種部品（バルブ、継手、水栓バルブ、水道メータ、仕切弁、継手など）など
ビスマスセレン青銅鋳物	Cu-Sn-Zn-Bi-Se系	CAC911	鉛浸出量はほとんどない。機械的性質がよい	給水装置器具・水道施設器具用各種部品（バルブ、継手、水栓バルブ、水道メータ、仕切弁など）、バルブ類、継手類など
	Cu-Sn-Zn-Bi-Se-P-Ni系	CAC912		

要点 ノート

銅合金鋳物は、純銅系、黄銅系、青銅系に分けられますが、電気・熱伝導、耐食性（特に耐海水性）に優れることから、給水関係や舶用部品などに多く使用されます。

アルミニウム合金の種類・特性を理解する

❶アルミニウムの特性

アルミニウムは、密度が2.70 g/cm^{3}と低く金属の中でも軽量な方です。融点は、660.3 ℃です。電気・熱伝導性に優れ、展延性に富んでいます。アルミニウムは表面に緻密な酸化皮膜を形成するために耐食性に優れます。

❷アルミニウム合金鋳物の種類と特性

表1-3-5にアルミニウム合金鋳物の種類、特徴、用途を示します。アルミニウム合金鋳物は、Al-Cu系合金、Al-Si系合金とAl-Mg系合金に大別されます。

⑴Al-Cu系合金

Al-Cu系合金には、Al-Cu-Mg系合金、Al-Cu-Si系合金、Al-Cu-Ni-Mg系合金があります。Al-Cu-Mg系合金は、強靱性に優れた合金で、切削性が良く、電気伝導性に優れるため、自転車用部品、航空機用油圧部品などに使用されています。Al-Cu-Si系合金は、機械的性質、鋳造性、被削性、溶接性が優れるため、シリンダヘッド、マニホールド、足回り部品などの自動車部品などに広く使用されます。Al-Cu-Ni-Mg系合金は、高温強度、切削性、耐摩耗性に優れ、空冷シリンダヘッド、航空機用エンジ部品などに使用されます。

⑵Al-Si系合金

Al-Si系合金には、Al-Si系合金、Al-Si-Mg系合金、Al-Si-Cu系合金、Al-Si-Cu-Mg系合金、Al-Si-Cu-Ni-Mg系合金があります。Al-Si系合金は、流動性が良く、耐食性、溶接性に優れますが、機械的性質、被削性に劣り、ケース類、カバー類などの薄肉、複雑な形状の鋳物に使用されます。Al-Si-Mg系合金は、鋳造性・機械的性質に優れた合金です。AC4CH合金は、不純物の含有を厳しく規制し、靱性を向上させ自動車用タイヤホイールなど保安部品に使用されます。Al-Si-Cu系合金は、耐食性に劣りますが鋳造性、機械的性質に優れています。Al-Si-Cu-Mg系合金は、鋳造性、機械的性質に優れ、耐圧性が要求される部品に用いられます。Al-Si-Cu-Mg系合金、Al-Si-Cu-Ni-Mg系合金は、熱膨張係数が小さく、耐摩耗性、耐熱性に優れることから、自動車エンジンのピストンに多く使用されます。

(3)Al-Mg系合金

Al-Mg系合金は、ヒドロナリウム(Hydronalium)ともいわれ、耐食性、特に耐海水性に優れる材料です。機械的性質、特に靭性に優れ、切削性も良好です。しかし、Siが添加されていないので、鋳造性は良くありません。また、鋳造割れを発生しやすい欠点もあります。船舶部品、食料用器具、化学用部品などに使用されます。

表1-3-5 アルミニウム合金鋳物の種類、特徴、用途

合金系	JIS記号	特徴	主な用途
Al-Cu-Mg系	AC1B	機械的性質に優れ、切削性に優れる。耐食性、鋳造性に劣る	架線用部品、重電機部品、自転車部品、航空機部品 など
Al-Cu-Si系	AC2A、AC2B	鋳造性がよく、引張強さは高いが、伸びが低い	マニホールド、デフキャリア、ポンプボディ、シリンダヘッド、自動車用足回り部品 など
Al-Si系	AC3A	流動性が良く、耐食性、溶接性に優れるが、機械的特質、被削性に劣る	ケース・カバー、ハウジングなどの薄肉、複雑形状の部品 など
Al-Si-Mg系	AC4A、AC4C、AC4CH	鋳造性、耐食性、強度、靭性に優れている。特にAC4CHは不純物を抑えた規格のため、改良処理、熱処理により非常に高い伸びを示す	マニホールド、ブレーキドラム、ミッションケース、クラッチケース、ギヤボックスなど。AC4CHは自動車ホイール、航空機用エンジン部品 など
Al-Si-Cu系	AC4B	耐食性に劣るが鋳造性に優れる。引張強さは高いが、伸びが低い	クランクケース、シリンダヘッド、マニホールドなどの自動車用部品。航空機用電装部品。
Al-Si-Cu-Mg系	AC4D	鋳造性に優れ、機械的性質もよい。耐圧性が要求される部品に適する	水冷シリンダヘッド、クランクケース、シリンダブロック、燃料ポンプボディ など
Al-Cu-Ni-Mg系	AC5A	高温強度、切削性、耐摩耗性に優れる。鋳造性がよくない	空冷シリンダヘッド、ディーゼル機関用ピストン、航空機用エンジン部品 など
Al-Mg系	AC7A	耐食性、機械的性質、切削性に優れるが鋳造性はよくない	架線金具、船舶用部品、事務機器、航空機用電装部品 など
Al-Si-Cu-Ni-Mg系	AC8A、AC8B、AC8C	熱膨張係数が小さく、耐摩耗性、耐熱性に優れる。鋳造性が良好である。AC8CはNi無添加	自動車用ピストン、プーリ、軸受 など
Al-Si-Cu-Ni-Mg系	AC9A、AC9B	耐熱性、耐摩耗性に優れ、熱膨張係数が小さい	ピストン、空冷シリンダ など

要点 ノート

アルミニウム合金は、電気伝導性、熱伝導性、耐食性に優れ、軽量であることから、自動車用をはじめ、一般機械、船舶用などさまざまな部品に適用されています。また、ほとんどの鋳造法に適用できます。

亜鉛合金とマグネシウム合金の種類・特性を理解する

❶亜鉛合金鋳物の種類と特性

亜鉛合金は、低融点で鋳造性が良く切削性に優れる特徴があります。亜鉛合金の鋳造法としては、砂型鋳造、重力金型鋳造、精密鋳造、ダイカストなどがあります。ダイカスト用合金については第4章を参照してください。

鋳物用の亜鉛合金のJIS規格はありませんが、Zn-Al-Cu系合金が使用されます。アルミニウムを含む亜鉛合金では、Pb、Sn、Cdといった不純物が微量（30～50 ppm程度）でも含まれると粒間腐食という甚大な問題を発生するので注意が必要です。**表1-3-6**に代表的な亜鉛合金鋳物の種類、特徴、用途を示します。ZA8は、Alが約8％、Cuが約1％添加された合金です。ZA12は、硬さが高く、強度特性、クリープ特性、寸法安定性に優れた合金です。ZA27は、ZA合金中でもっとも比重が小さく、強度および硬さが高く、クリープ特性に優れます。

AC43A（金型用合金3種）は、Alが約4％、Cuが約3％添加された合金で、低融点で鋳造性が良好で、潤滑性、耐摩耗性、切削性に優れています。

❷マグネシウム合金鋳物の種類と特性

マグネシウムは、軽量、比強度、放熱性、振動減衰能、切削性、耐くぼみ性、寸法安定性など優れた特性があります。融点以上に加熱すると、燃焼しやすいので、溶解にあたっては防燃ガスを使用しなければなりません。**表1-3-7**にマグネシウム合金鋳物の種類、特徴、用途を示します。

マグネシウム合金鋳物は、Mg-Al系合金、Mg-Zr系合金、Mg-希土類元素系合金に大別されます。Mg-Al-Zn系合金は、MgにAlとZnを添加した合金です。Znを1％含むAZ91系は、機械的性質や鋳造性など、バランスの取れたマグネシウム合金で、ダイカスト合金としてもっとも多く使用されています。

Mg-Zn-Zr系合金は、主に砂型鋳造に用いられます。この合金系は常温での強度と靭性に優れた特徴があります。

Mg-Al-希土類元素（RE）系合金は、希土類元素の添加により、鋳造性を改善し、耐圧性を向上させるとともに、高温強度やクリープ特性に優れた耐熱用合金です。

表 1-3-6　亜鉛合金鋳物の種類、特徴、用途

合金系	ASTM記号	特　徴	主な用途
Zn-Al-Mg-Cu系合金	ZA-8	Alを8.0〜8.8 %、Cuを0.8〜1.3 %を含む合金で、強度、硬さ、耐クリープ性に優れる。めっき性にも優れる。湯流れ性がよい。ホットチャンバーでダイカストが可能	自動車のドアハンドルやステアリングロッド、ベアリングや軸受 など
	ZA-12	Alを10.5〜11.5 %、Cuを0.5〜1.2 %含む合金で、耐クリープ特性、耐摩耗性に優れる。ZA-8より密度が低く、めっきが可能。重力金型鋳造用の合金であるが、コールドチャンバーでダイカスト可能	工業用車両やバスのドアハンドル、置時計、蝶形弁、軸受、ブッシュ など
	ZA-27	Alを25.0〜28.0 %、Cuを2.0〜2.5 %含む合金で、亜鉛合金の中でもっとも高い強度を有する。耐摩耗性に優れる。亜鉛合金の中ではもっとも密度が低い。耐摩耗性に優れる。Alが多いのでめっき性に劣る。重力金型用の合金であるが、ダイカストする場合は融点が高いのでコールドチャンバーを使用する	自動車のドライブトレーン、シートベルトの巻き取り部品、軸受、ブッシュ など
	AC43A（金型用合金3種）	Alを3.5〜4.3 %、Cuを2.5〜3.0 %含む合金で、低融点で鋳造性が良好で、潤滑性、耐摩耗性、切削性に優れる。ダイカスト用合金ZDC1、2に比較して高い強度を有する。鋳造後の経時変化が大きい。砂型鋳造用の合金であるが、ホットチャンバーでダイカストが可能	プレス用やプラスチック成形用などの金型や試作用金型に使用。ダイカストでは歯車、噴霧器のコンロッド など

表 1-3-7　マグネシウム合金鋳物の種類、特徴、用途

合金系	ASTM記号	JIS記号	特　徴	主な用途
Mg-Al-Zn系合金	AZ91C AZ91E	MC2C MC2E	靭性、鋳造性もよく耐圧用鋳物としても適する。AZ91Eは耐食性優れる	一般用鋳物、ギヤボックス、テレビカメラ用部品、工具用ジグ、電動工具、コンクリート試験容器 など
Mg-Al系合金	AM100A	MC5	強度、靭性もよく耐圧鋳物としても優れる	一般鋳物、エンジン部品 など
Mg-Zn-Zr系合金	ZK51A ZK61A	MC6 MC7	強度および靭性が要求される部品に用いられる	高力鋳物、レース用タイヤホイール、インレットハウジング など
Mg-RE-Zn-Zr系合金	EZ33A	MC8	鋳造性、溶接性、耐圧性に優れる。常温での強度は低いが、高温での強度の低下が低い	耐熱用鋳物、エンジン部品、ギヤボックス、コンプレッサケース など
Mg- Ag-RE-Zr系合金	QE22A	MC9	強度および靭性があり、鋳造性がよい。高温強度に優れる	耐熱用鋳物、耐圧鋳物、ハウジング、ギヤボックス など
Mg-Zn-RE-Zr系合金	ZE41A	MC10	鋳造性、溶接性、耐圧性がよい。高温での強度低下が少ない	耐熱用鋳物、耐圧鋳物、ハウジング、ギヤボックス など
Mg-Zn-Cu-Mn系合金	CZ63A	MC11	ZE41Aと類似した特性があり、鋳造性も同等	シリンダブロック、オイルパン など
Mg-Y-RE-Zr系合金	WE43A WE54A	MC12 MC13	200℃以上で使用でき、高温に長時間保持しても強度低下が少ないWE54Aは現状のマグネシウム合金の中でもっとも高温強度が高い	航空宇宙用部品、ヘリコプタのトランスミッション、レーシング部品（シリンダブロック、ヘッド・バルブカバー）など
Mg-RE-Ag-Zr系合金	EQ21A	MC14	強度、靭性があって鋳造性に優れる。高温強度が優れる	耐熱用鋳物、耐圧鋳物、ハウジング、ギヤボックス など

要点 ノート

亜鉛合金は、低融点で鋳造しやすい合金で、比重が大きいが強度が高く、耐摩耗性、めっき性が良い特性があります。マグネシウム合金は、実用金属中でもっとも軽量な金属で、比強度，振動吸収性，電磁シールド性に優れます。

鋳物の肉厚はどのように設定するか

❶鋳物の肉厚

鋳物の肉厚は、鋳物に要求される強度や剛性、耐久性などを満たすことはもちろんですが、鋳造のしやすさも考慮しなければなりません。肉厚が薄すぎると溶湯が鋳型内を流れている途中で冷えて固まり鋳物の形状が不完全になってしまいます。また、肉厚が厚すぎる場合には、凝固にかかる時間が長くなるため金属組織を粗くしたり、内部にひけ巣を発生したりして鋳物の強さを低下させることがあります。

❷最小肉厚

鋳物の最小肉厚は、鋳造合金の種類、鋳造法、鋳造条件などによって異なります。**表1-4-1**におおよその鋳物の最小肉厚の目安を示します。鋳物が小さい場合には、溶湯を鋳型内に満たしやすいので鋳物の肉厚は小さくできますが、大きいほど充填距離が長くなり、溶湯が冷えやすいので大きな肉厚が必要になります。

❸肉厚の均一化

鋳物の肉厚は、できる限り均一で厚さの変化が少ないことが望ましいとされます。これを均肉化といいます。**図1-4-1**(a)に示すように肉厚が不均一で駄肉部があると薄肉部に比べて肉厚部の凝固が遅れ、ひけ巣を発生したり、外部にひけを発生したりします。図1-4-1(b)に示すように中子などを用いて均肉化をはかることで、欠陥の発生を回避することができます。鋳物の剛性が必要な場合は、**図1-4-2**(a)に示すように厚肉にするのではなく、図1-4-2(b)に示すようにリブを使用することで駄肉をなくして剛性を上げることができます。

❹肉厚の変化部の設計

鋳物の肉厚は、❸で述べたようにできる限り均一であることが望ましいのですが、実際の鋳物においてはどうしても肉厚の違う場所ができてしまう場合があります。その場合には、急激な変化を避け、丸みをつけたり徐々に肉厚の変化をつけたりします。

JIS B 0703:1987に肉厚の変化部への対応が示されています。厚肉部と薄肉部の肉厚をそれぞれT、tとすると、その比（肉厚比）T/tが1.5以下の場合には図1-4-3(a)に示すように薄肉側に丸みをつけます。Rは厚肉部の1/3もしくは薄肉部の1/2とします。肉厚比が1.5を超え3以下の場合には、図1-4-3(b)に示すように勾配部を設けます。勾配部の長さLは、肉厚差（$T-t$）の4倍とします。また、Rは厚肉部の1/3もしくは薄肉部の1/2とします。

表 1-4-1 材質別の鋳物の最小肉厚

鋳造合金	鋳物の大きさ〔mm〕						
	≦100	101~200	201~400	401~800	801~1250	1251~2000	2001~3200
ねずみ鋳鉄	4	4	5	6	8	10	—
球状黒鉛鋳鉄	5	5	6	8	10	12	16
炭素鋼鋳鋼	5		6	8	12	16	20
アルミニウム合金（砂型鋳物）	3	4	5	6	8	—	—
アルミニウム合金（金型鋳物）	2.5	3	4	5	—	—	—
青銅	2	2.5	3	4	5	—	—
黄銅	2	2.5	3	4	5	—	—

図 1-4-1 均肉化の事例（1）

図 1-4-2 均肉化の事例（2）

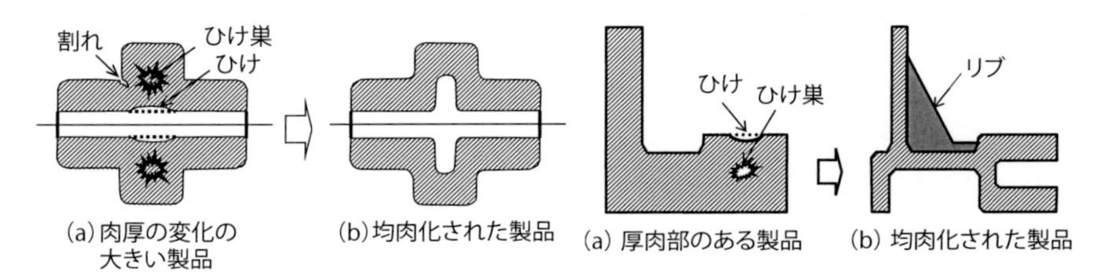

(a) 肉厚の変化の大きい製品　(b) 均肉化された製品

(a) 厚肉部のある製品　(b) 均肉化された製品

図 1-4-3 肉厚変化部への対応例

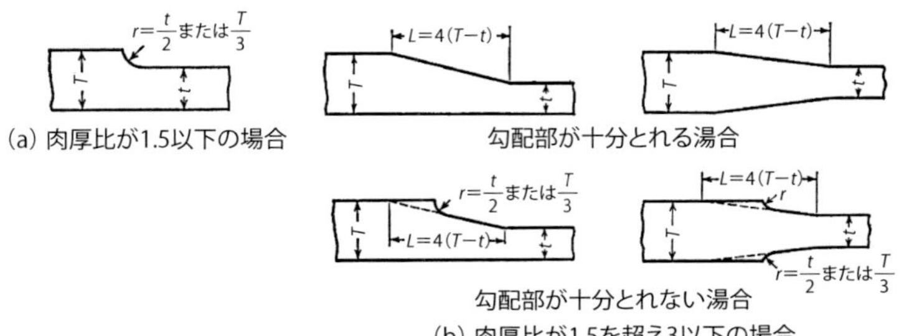

(a) 肉厚比が1.5以下の場合

勾配部が十分とれる湯合

勾配部が十分とれない湯合

(b) 肉厚比が1.5を超え3以下の場合

要点 ノート

鋳物の肉厚は、製品の大きさ、鋳造法、鋳造材料などによって異なりますが、できる限り肉厚差の少ない均一な肉厚とすることで、欠陥の発生を防止できます。

抜勾配はどのように設定するか

❶抜勾配

抜勾配（ぬけこうばい）は、砂型の造型時に鋳型から模型を抜くときや、金型鋳造やダイカストにおいて金型から鋳物を取り出す際に、容易に抜けるようにするために必要な形状を抜く方向に傾斜をつけたものです。抜勾配は、鋳造材料あるいは鋳造方法によって異なり、JIS B 0403:1995（JIS規格では、「抜けこう配」となっていますが、ここでは慣例に従い「抜勾配」と表記します）に規定されています。

ロストワックス法やフルモールド法では模型を鋳型から抜くことはないので抜勾配は不要です。しかし、砂型鋳造では鋳型から模型を取り出す必要があるので模型を引き抜く方向に抜勾配を設定します。抜勾配が不十分だと砂と型との摩擦で砂型が崩れたり、模型が鋳枠の中に残ったりするので、適切な抜勾配をつける必要があります。金型鋳造やダイカストでは、金型から製品を取り出すために取り出し方向にそって製品に抜勾配を設定します。抜勾配が不十分だと製品を取り出す際に、製品が金型にかじりついたり、製品が変形したりすることがあります。

抜勾配は、できる限り大きい方が抜けやすいのですが、大きすぎると勾配の根元と先端との寸法の差が大きくなり、肉厚が指定寸法と異なったり仕上げ代が大きくなったりします。ユーザからはできる限り小さくすることが望まれるので、十分に協議をして決定します。

❷鋳鉄、鋳鋼の抜勾配

鋳鉄や鋳鋼は、通常は砂型鋳造法で鋳造されるので、模型を鋳型から取り出すための抜勾配を模型につけます。**図1-4-4**および**表1-4-2**にJIS B 0403:1995に規定されている鋳鉄品および鋳鋼品の抜勾配の普通許容差を示します。なお、表1-4-2では抜勾配の角度も併せて示しています。抜勾配は、引抜き方法の長さLに対して、角度αの正接である$\tan\alpha$であるAで表します。引抜き方向の長さLが長いほど、Aの値は大きくなります。また、角度αは、長さLが大きいほど大きく設定します。銅合金の抜勾配には表1-4-2が適用されます。

❸アルミニウム合金鋳物の抜勾配

アルミニウム合金鋳物の抜勾配は、JIS B 0403:1995には**図1-4-5**、および**表1-4-3**に示すように鋳造法にかかわらず内側勾配と外側勾配が角度で表されています。なお、数値は勾配部の長さが400 mm以下の場合に適用されます。しかし、**図1-4-6**および**表1-4-4**に示すように縦壁の深さによって抜勾配の角度を変えた標準も示されています。縦壁が浅いほど抜勾配は大きく設定し、外側と内側では内側を多く取る方が抜きやすくなります。

図1-4-4 鋳鉄品および鋳鋼品の抜勾配

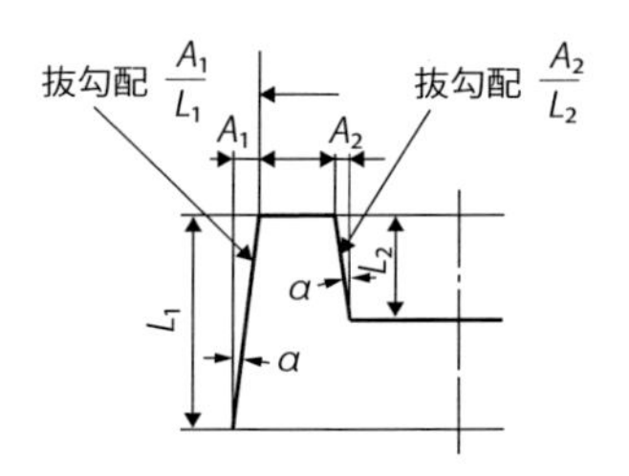

表1-4-2 鋳鉄品および鋳鋼品の抜勾配の普通許容差〔単位:mm〕

寸法区分L		寸法A	角度α
を超え	以下	(最大)	〔度〕
	16	1	3.6
16	40	1.5	2.1
40	100	2	1.1
100	160	2.5	0.9
160	250	3.5	0.8
250	400	4.5	0.6
400	630	6	0.5
630	1000	9	0.5

図1-4-5 アルミニウム合金鋳物の抜勾配

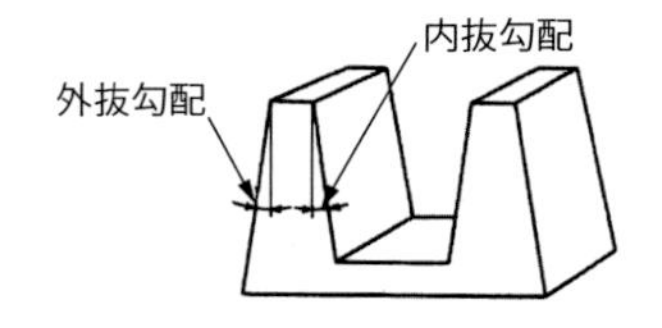

表1-4-3 アルミニウム合金鋳物の抜勾配の普通許容差

抜勾配の区分	外〔度〕	内〔度〕
砂型・金型	2	3

図1-4-6 アルミニウム合金鋳物の抜勾配

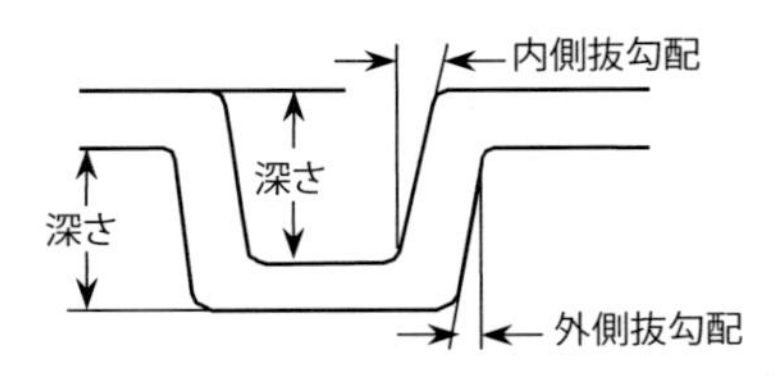

表1-4-4 アルミニウム合金鋳物の標準

深さ区分〔mm〕	内側抜勾配〔度〕	外側抜勾配〔度〕
0.8～3.2	20	10
3.3～12.7	15	7
12.8～25.4	10	5
25.5～152.4	5	3
152.5～304.8	1½	1½

要点 ノート

造型時に鋳型から模型を抜いたり、金型から鋳物を取り出したりするために、抜く方向に勾配を設けた抜勾配が必要になります。寸法精度と作業性を考慮して適切な抜勾配を設定します。

寸法公差はどのように設定するか

❶寸法公差

鋳物の寸法は、鋳物のできあがり寸法である実寸法と、あらかじめ許された誤差の限界の範囲内である許容寸法があります。

許容寸法は、**図1-4-7**に示すように、鋳物に要求される機能を満たし、かつ製造上でもっとも有利なように適当な大小2つの許容限界寸法（最大許容寸法および最小許容寸法）が決められます。この最大・最小許容寸法の差を寸法公差といいます。

❷鋳造公差等級

鋳物の寸法公差は、JIS B 0403：1995に規定されており、鋳造公差等級としてCT1～CT16までがあり、鋳放し品の基準寸法に対してそれぞれ公差が設けられています。**表1-4-5**に鋳造品の寸法公差の抜枠を示します。公差等級は、鋳造品の基準寸法が大きくなるほど公差が大きくなっています。また、CT1～CT15において、肉厚の寸法公差は、鋳型と中子あるいは上型と下型によって左右されるため、ほかの部分に適用する公差等級よりも1等級大きい公差を適用します。CT16は、CT15を指示した鋳造品の肉厚に対してのみ適用します。

❸鋳造方法、鋳造材料による公差等級

JIS B 0403：1995には、付属書A（参考）に種々の鋳造方法、鋳造材料における公差等級が示されています。**表1-4-6**に鋳放し（鋳造のまま）鋳造品に対する公差等級を示します。なお、表中の＊印に関しては、付属書Aではなく、参考に記載されている公差等級です。

表1-4-6は、十分な調整・管理を行う長期間の繰り返し鋳造作業（量産鋳造）を行う場合の公差等級を示しています。生産が短期間でユーザの承認が得られた場合や試作のように1回限りの場合には、実用性、経済性を考慮して1～2等級大きな公差等級を適用できます。

図1-4-8に、軽金属の鋳造法別の寸法公差の例を示します。たとえば基準寸法を200 mmとすると、砂型鋳造ではCT7～9なので±2.8～8 mm、金型鋳造ではCT6～8なので±1～1.4 mm、ダイカストではCT5～7なので±0.7～1.4 mmの公差が設定されます。

図 1-4-7　寸法公差の例

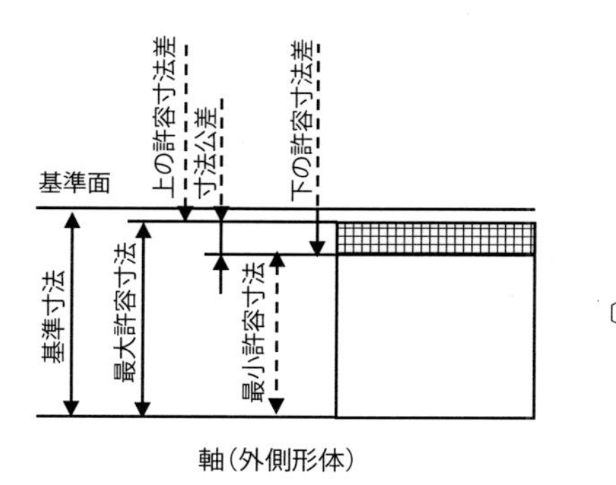

図 1-4-8　軽金属の鋳造法別寸法公差

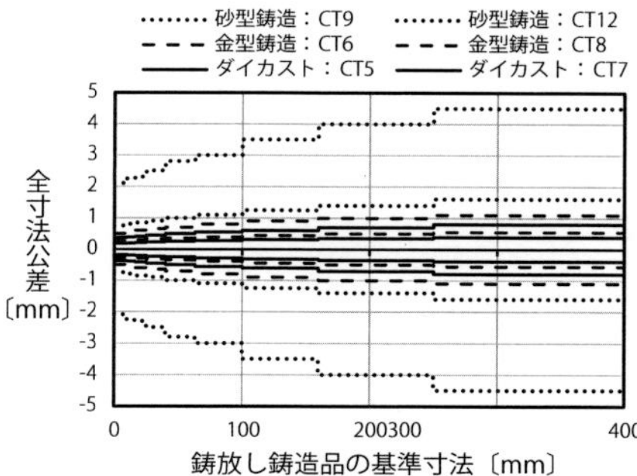

表 1-4-5　JIS B 0403：1955 の鋳造品の寸法公差の抜粋〔単位：mm〕

鋳放し鋳造品の基準寸法		全鋳造公差 鋳造公差等級CT＊1										
を超え	以下	1	2	3	4	5	6	7	8	10	15	16＊2
―	10	0.09	0.13	0.18	0.26	0.36	0.52	0.74	1	2	―	―
10	16	0.1	0.14	0.2	0.28	0.38	0.54	0.78	1.1	2.2	―	―
16	25	0.11	0.15	0.22	0.3	0.42	0.58	0.82	1.2	2.4	10	12
25	40	0.12	0.17	0.24	0.32	0.46	0.64	0.9	1.3	2.6	11	14
40	63	0.13	0.18	0.26	0.36	0.5	0.7	1	1.4	2.8	12	16
63	100	0.14	0.2	0.28	0.4	0.56	0.78	1.1	1.6	3.2	14	18
100	160	0.15	0.22	0.3	0.44	0.62	0.88	1.2	1.8	3.6	16	20
160	250		0.24	0.4	0.5	0.7	1	1.4	2	4	18	22
250	400				0.56	0.78	1.1	1.6	2.2	4.4	20	25
400	630				0.64	0.9	1.2	1.8	2.6	5	22	28
600	1000					1	1.4	2	2.8	6	25	32
1000	1600						1.6	2.2	3.2	7	29	37
6300	10000									11	50	64

＊1：CT1 ～ CT15 において肉厚に対しては 1 等級大きい CT を使用
＊2：CT16 は CT15 で指示した鋳造品の肉厚に対してだけ使用

表 1-4-6　長期間製造する鋳放し鋳造品に対する公差等級（抜粋）（JIS B 0430:1995）〔単位：mm〕

鋳造方法	公差等級CT					
	鋳鋼	ねずみ鋳鉄	球状黒鉛鋳鉄	銅合金	亜鉛合金	軽金属
砂型鋳造手込め	11～14	11～14	11～14	10～13	7～9	6～8
砂型鋳造機械込めおよびシェルモード	8～12	8～12	8～12	8～12	8～10	7～9
金型鋳造＊（低圧鋳造含む）	―	7～9	7～9	7～9	7～9	5～7
ダイカスト＊	―	―	―	6～8	4～6	5～7
インベストメント鋳造＊	4～6	4～6	4～6	4～6	―	4～6

＊：JIS B 0430 参考　金型鋳造品、ダイカスト品およびアルミニウム合金鋳物に対して推奨される鋳造品公差

要点 ノート

鋳物はさまざまな要因で基準寸法からのずれを発生します。さまざまな部品として使用するためには、このずれをある範囲に留める必要があります。これが寸法公差です。

縮み代はどのように設定するか

❶縮み代とは

鋳型に鋳込まれた溶融金属の温度が低下して室温に至までには、液体収縮、凝固収縮、固体収縮によって体積が収縮します。**図1-4-9**に純Alの温度と比容積（単位質量の物質が占める容積）の関係を示します。比容積は、溶融状態および固体状態で温度の低下とともに小さくなります。また、凝固時には液体から固体への相変態により大きく収縮（凝固収縮）します。凝固が完了すると熱収縮によって体積が室温に至るまで減少し続けます。この凝固完了後から室温に至までの熱収縮分を見込んで、鋳型や模型を作ることを縮み代といいます。

❷砂型鋳造での縮み代の設定

砂型鋳造で使用する模型は、この収縮分を見込んで作らないと鋳造品の指定寸法より小さくなります。そのため、縮み分を余分に目盛った**図1-4-10**に示すような物差しを用いて模型を作ります。この物差しを伸び尺あるいは鋳物尺といいます。模型製作にあたっては、12/1000の伸び尺を使う場合には1000 mmで12 mm伸びた伸び尺を使います。伸び尺を使用して、最終鋳物寸法に比べて12/1000大きな模型を作り、その模型により作られた鋳型で鋳造すると予定の寸法の鋳物が得られます。

表1-4-7に伸び尺の使用基準を示します。伸び尺は、鋳物の材質、鋳物の大きさ・肉厚・形状、鋳型の材質（強度）、中子の有無、鋳込温度・鋳型温度などの鋳造条件によっても異なり、1つの鋳物の中でも場所によって伸び尺を変えなければならない場合もあります。凝固時に黒鉛の膨張がある鋳鉄や、砂の拘束の大きい薄肉の鋳鋼などは比較的小さな伸び尺を設定します。

❸金型鋳造での縮み代の設定

金型鋳造での縮み代は、金型の温度、中子の有無、中子の種類によって異なります。**表1-4-8**に縮み代の例を示します。鋳物が中子や金型の拘束を受ける場合には小さめの縮み代を設定しますが、拘束を受けない場合は自由に収縮するので大きめの縮み代を設定します。

❹ダイカストでの縮み代の設定

ダイカストの縮み代は、ダイカストと金型の線熱膨張係数の違いにより発生します。縮み代は、経験的には**表1-4-9**に示す値が使用されます。主に合金の熱膨張係数によって変わってきます。

ダイカストは、一般的には中子に形状が彫り込まれているため自由に収縮できないことが多く、次式によって表わされます。

$$\Delta L = \beta(T_e - T_0) - a_f(T_m - T_0) \qquad (1.4.1)$$

ここで、ΔL：縮み代、a_f：金型材料の熱膨張係数、β：合金の熱膨張係数、T_e：製品の取出し温度、T_m：製品取出し時の金型温度、T_0：室温。

図1-4-9 純Alの体積収縮

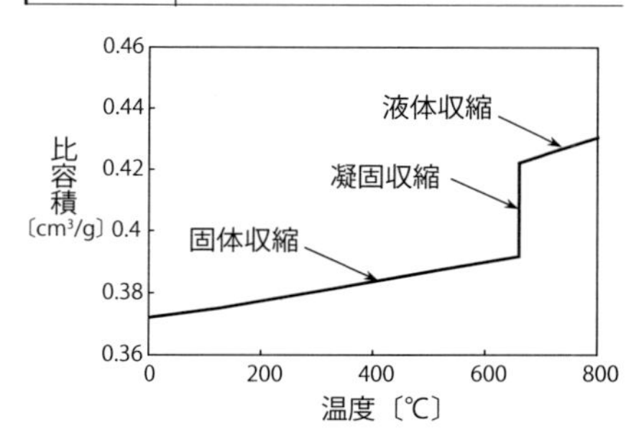

図1-4-10 伸び尺（鋳物尺）の例

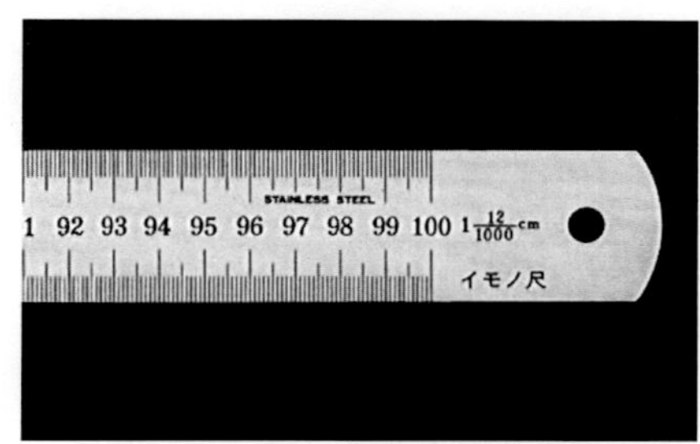

表1-4-7 砂型鋳造での伸び尺

伸び尺	使用材料並びにその部位
8/1000	鋳鉄一般、薄肉鋳鋼の一部
9/1000	収縮の大きい鋳鉄品、薄肉鋳鋼の一部
10/1000	同上とアルミニウム合金
12/1000	アルミニウム合金、青銅、鋳鋼（肉厚5～7 mm）
14/1000	高力黄銅、鋳鋼
16/1000	鋳鋼（肉厚10 mm以上）
20/1000	鋳鋼大物
25/1000	鋳鋼肉厚大物

表1-4-8 金型鋳造での伸び尺

伸び尺	拘束条件
6/1000～7/1000	・金属中子を用いる場合 ・砂中子でも鋳物の収縮が金型で拘束される場合
7/1000～8/1000	・砂中子を用いる場合 ・鋳物が自由に収縮できる場合

表1-4-9 ダイカストでの伸び尺

伸び尺	拘束条件
4/1000～7/1000	亜鉛合金
5/1000～8/1000	アルミニウム合金

要点 ノート

凝固してから室温に冷却されるまでに鋳物は、熱収縮して寸法が小さくなります。それを見込んで、鋳型や模型を大きめに作ります。これを縮み代といい、収縮分を見込んだ目盛りをつけた伸び尺を使用します。

削り代はどのように設定するか

❶削り代とは

削り代は、鋳物の機械加工のためにつける余分な部分をいいます。削り代、仕上げ代なども呼ばれます。本来、鋳物は鋳肌のままで使用したいのですが、機械部品に取り付けたり、摺動部品として使用したりするために、鋳物の表面（黒皮といいます）の凹凸、粗い鋳肌、寸法不具合などを削りとることがあります。鋳造品の削り代は、JIS B 0403:1995「鋳造品－寸法公差方式及び削り代方式」に規定されています。**図1-4-11**に削り代を考慮した鋳放し鋳造品の基準寸法を示します。基準寸法は、仕上り寸法、さまざまな要因で発生する寸法のずれ、すなわち寸法公差、削り代で構成されます。

❷削り代の設定

削り代は、「要求する削り代」のことで*RMA*（Requirements for machining allowances）で示されています。図1-4-11のような両端や円筒形状を加工する場合、鋳放し鋳造品の基準寸法に対する影響か*RMA*の2倍とします。

表1-4-10に鋳造品の「要求する削り代」の抜粋を示します。ここで、*1は機械加工後のダイカストの最大寸法（**図1-4-12**）、*2の等級AおよびBは特別に指定された場合にのみ使用します。削り代はA～Kの10等級で示され、鋳造品の最大寸法が大きいほど削り代が大きくなります。削り代の設定に当たっては、特に指定した場合を除いて、図1-4-12に示す鋳放し品の最大寸法に対して適用された削り代の等級が加工するすべての面の削り代に適用されます。鋳放しでの最大寸法は、仕上がり寸法に削り代と全鋳造交差とを加えた値の範囲内とします。つまり、仕上がり寸法に対して必要最小限の余肉とします。

JIS B 0403:1995の付属書B（参考）には、**表1-4-11**に示すように鋳造方法、鋳造材料ごとの鋳放し鋳造品に要求する削り代の等級が示されています。100 mm以下の砂型鋳造品あるいは金型鋳造品は、表1-4-11の削り代等級が小さい場合には、2～3等級大きな削り代を指定することができます。また、砂型鋳造品の場合、上型面の削り代は砂かみなどを削り取るために、ほかの面より大きくとることが望ましい場合があります。実際の削り代の設定にあたっては、鋳物メーカとユーザとで協議して決定します。

図 1-4-11 削り代を考慮した鋳放し鋳造品の基準寸法

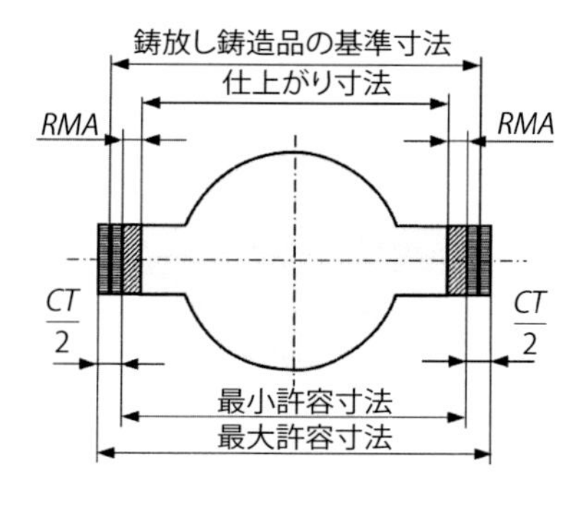

図 1-4-12 最終機械加工後のダイカストの最大寸法

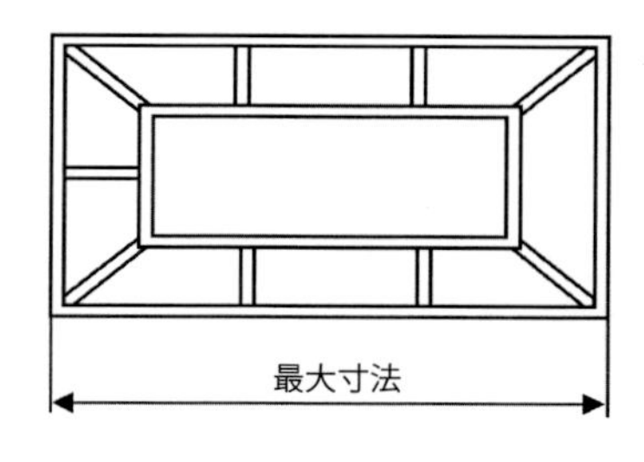

表 1-4-10 要求する削り代 (*RMA*) 抜粋 (JIS B 0430:1995)〔単位 mm〕

最大寸法*1		要求する削り代									
		削り代の等級									
を超え	以下	A*2	B*2	C	D	E	F	G	H	J	K
—	40	0.1	0.1	0.2	0.3	0.4	0.5	0.5	0.7	1	1.4
40	63	0.1	0.2	0.3	0.3	0.4	0.5	0.7	1	1.4	2
63	100	0.2	0.3	0.4	0.5	0.7	1	1.4	2	2.8	4
100	250	0.3	0.4	0.5	0.8	1.1	1.5	2.2	3	4	6
250	400	0.4	0.5	0.7	1	1.4	2	2.8	4	5.5	8
400	630	0.5	0.8	1.1	1.5	1.8	2.5	3.5	5	7	10
630	1000	0.6	0.9	1.2	1.8	2.5	3.5	4	6	9	12
1000	1600	0.7	1	1.4	2	2.8	4	5	7	10	14
6300	10000	1.1	1.5	2.2	3	4.5	6	9	12	17	24

＊1：械加工後の鋳造品の最大寸法
＊2：等級 A および B は特別に指定された場合にのみ使用

表 1-4-11 鋳放し鋳造品に必要な削り代の等級 (JIS B 0430:1995 付属書 B 抜粋)

鋳造方法	要求する削り代の等級					
	鋳鋼	ねずみ鋳鉄	球状黒鉛鋳鉄	銅合金	亜鉛合金	軽金属
砂型鋳造手込め	G～K	F～H	F～H	F～H	F～H	F～H
砂型鋳造機械込めおよびシェルモード	F～H	E～G	E～G	E～G	E～G	E～G
金型鋳造（低圧鋳造含む）	—	D～F	D～F	D～F	D～F	D～F
ダイカスト	—	—	—	B～D	B～D	B～D
インベストメント鋳造	E	E	—	E	—	E

要点 ノート

鋳物を機械部品に取り付けたり摺動部品として使用したりするために機械仕上げをすることがあります。そのためには、あらかじめ削り代を設定して鋳物の寸法を決める必要があります。

鋳造品の丸み（フィレット）はどのようにつけるか

❶隅部と角部

鋳物は単純な平板の製品形状をしたものは少なく、多くの鋳物が壁、リブ、ボスなどの交差部があります。それぞれ**図1-4-13**に示すような隅（すみ）部（内側に屈曲した部分）や角（かど）部（鋳造品を形成する面の突き出した部分）があります。隅や角が鋭角のままだと鋳造時の応力集中、ひけ割れ、湯流れ不良、製品使用時の応力集中による割れ発生などが起こりやすくなります。そこで、特に指定のない場合には、隅部、角部には丸み（フィレット、アールなどともいいます）をつけます。

丸みは、JIS B 0703:1987「鋳造品の丸み」に規定されています。この規格は、シェル型および精密砂型を除く砂型鋳造の隅部、角部の丸みについて規定されたものです。しかし、砂型鋳造以外にも適用することがあります。

❷隅部の丸み

交差部にはL字型、V字型、T字型などがあります。

L字形（交差角90°）あるいは、V字形（交差角90°未満）の場合には、**図1-4-14**に示すように交差部の内側および外側に丸みをつけます。

交差角が60°以上の場合には**図1-4-15**に示すように内側のみ丸みを設けて、外側は丸めなくてもよいとされます。この際に、T/t が1.5以下のときは、図(a)のように内側の丸みを $T/3$ とします。T/t が1.5を超え3以下の場合には、(b)に示すように内側に15°の勾配をつけて厚肉側に丸みをつけます。

T字形交差部の場合で、厚肉部に薄肉部がT字形に交差するときは、**図1-4-16**に示すように丸み、あるいは勾配部を設けて、厚肉側に $T/3$ の丸みをつけます。

❸角部の丸み

角部の丸みの付け方は、**図1-4-17**に示すようになります。角部に丸みがないと、製品が欠けやすくなったり、鋳物の取り扱い時や使用時にけがをしたりする可能性があります。ただし、型分割面となる角部には丸みはつけません。**表1-4-12**に鋳造品の目安となる角部の丸みを示します。

図 1-4-13 隅部と角部

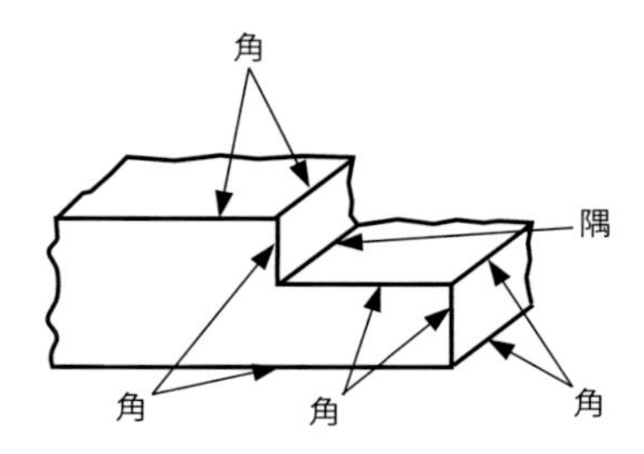

図 1-4-14 L字形交差部の丸み

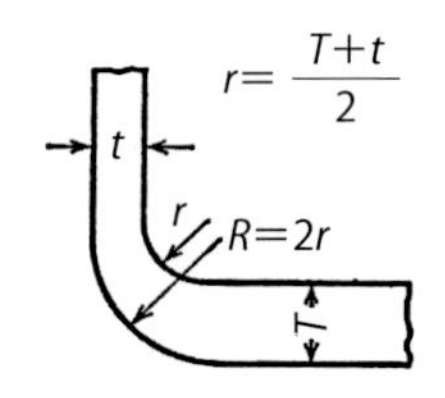

図 1-4-15 L字形交差部（外側をとがらせる場合）

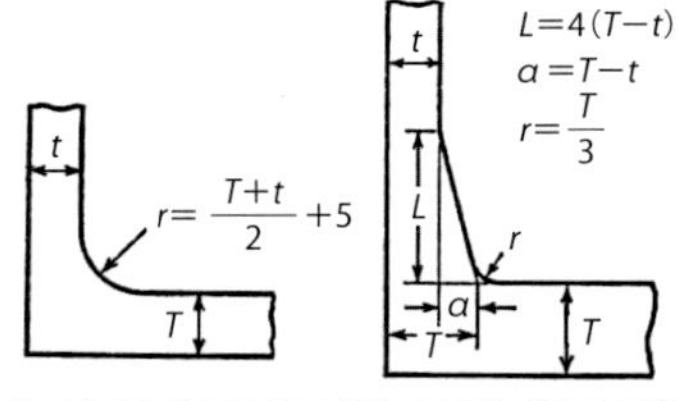

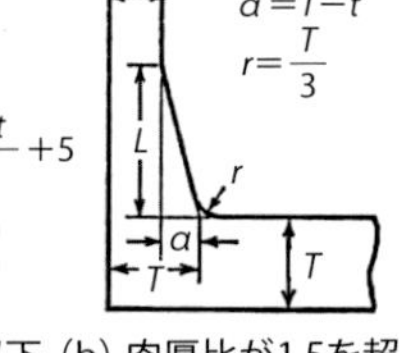

（a）肉厚比が1.5以下の場合　（b）肉厚比が1.5を超え3以下の場合

図 1-4-16 T字交差部の丸み（厚肉部に薄肉部が接続する場合）

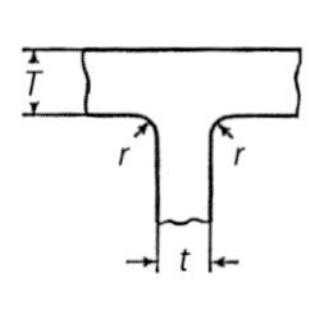

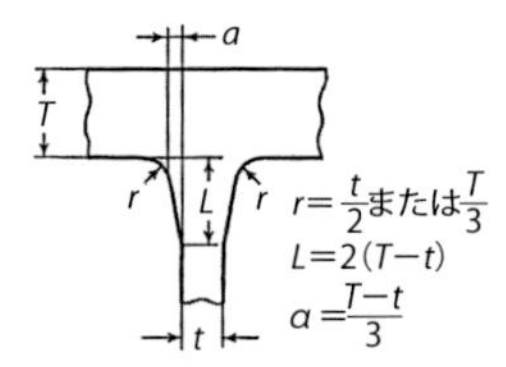

（a）肉厚比が1.5以下の場合　（b）肉厚比が1.5を超え3以下の場合

図 1-4-17 角部の丸み

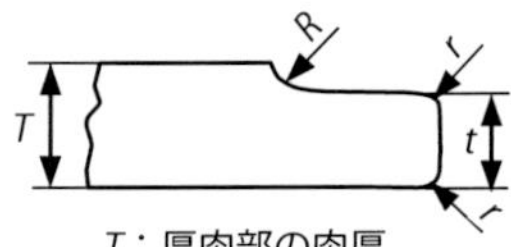

T：厚肉部の肉厚
t：薄肉部の肉厚
r：角の丸みの値

表 1-4-12 角部の丸み（r）の例〔mm〕

鋳造品の肉厚（Tまたはt）	3〜5	6〜10	12〜20	25〜40	50〜100
ねずみ鋳鉄品 黄銅鋳物 アルミニウム合金鋳物 マグネシウム合金鋳物	1	2	2	3	4
球状黒鉛鋳鉄品	-	2	3	4	5
炭素鋼鋳鋼品	-	3	4	5	6

ダイカストの丸みは、（一社）日本ダイカスト協会の「ダイカストの標準 DCS-E〈製品設計編〉」に設計例が示されている。

要点 ノート

鋳造品の隅部や角部の丸みは、割れや湯流れ不良などの鋳造時の欠陥発生の防止だけでなく、製品として使用する場合にも安全面や鋳造品の取り扱いなどにおいて大切な設計要素です。

その他の設計要素を理解する

❶リブ構造

鋳物に広い平面があると熱収縮量が大きくなり、変形や割れが発生しやすくなるのでできる限り避け、リブや凹凸などを設けます。また、リブは、鋳物の肉厚を薄肉化する際に強度や剛性を確保するために設置することがあります。**図1-4-18**のように、リブは薄く長いリブは避け、製品部肉厚の厚みの4倍までとします。リブの肉厚が厚くなると交差部が厚肉となり、鋳巣や外引けを発生しやすくなるので製品肉厚の1/4～1/2とします。鋳鉄鋳物では、薄すぎるとチル化して脆くなるので、肉厚が3 mm以下のリブは避けた方がよいとされます。アルミニウム合金鋳物でのリブの肉厚は、製品肉厚と同等か1.5倍の肉厚がよいとされます。リブ根元の隅部のRは、製品肉厚＋リブ肉厚の1/2程度、リブ先端の角部のRはリブ肉厚の1/4程度にします。

❷鋳抜き穴

鋳抜き穴は、厚肉部に中子や型の突起部などで穴を作る方法で、ねじの下穴や機械加工の下穴などにします。砂型鋳造や金型鋳造の中子の場合、小さ過ぎると焼着（砂が鋳肌に物理的・化学的に付着すること）を発生して、砂落としが困難になったり、中が過熱されてひけ巣を生じたりするので適切な径、長さを選定します。**図1-4-19**、**表1-4-13**に砂型鋳造品の鋳抜き穴および非貫通穴の設定例を示します。

❸アンダーカット

アンダーカットは、砂型や金型から模型や鋳造品を取り出すときに、取り出し方向に対して垂直な方向に凸形状や凹形状があるために、取り出せない部分のことをいいます。アンダーカットがあると型を分割しなければ模型や鋳造品を取り出すことができません。そこで、なるべくアンダーカットを避けた鋳造品の形状や型分割面を工夫します。

図1-4-20および**図1-4-21**に製品形状を変更してアンダーカットを回避して模型を抜けやすくした事例を示します。

図 1-4-18 リブの設計例

図 1-4-19 鋳抜き穴と貫通穴＊1

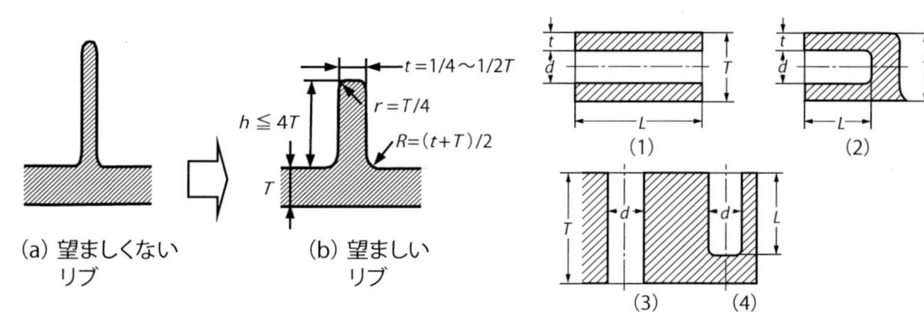

表 1-4-13 砂型鋳造の鋳抜き穴・貫通穴の設計例＊1

区分	鋳鉄鋳物	鋼鋳物	長さ
(1)	$d \geqq t$ （最小10mm） または$d \geqq T/3$	$d \geqq 2t$ （最小20mm） または$d \geqq T/2$	$L \leqq 3d$
(2)	$d \geqq t$ （最小10mm） または$d \geqq T/3$	$d \geqq 2t$ （最小20mm） または$d \geqq T/2$	$L \leqq 2d$
(3)	$d \geqq T/3$ （最小10mm）	$d \geqq T/2$ （最小20mm）	$L = T$
(4)	$d \geqq T/2$ （最小10mm）	$d \geqq T/2$ （最小20mm）	$L \leqq 2d$

〔出典〕＊1：「新版 機械工学便覧、B2 加工学 - 加工機器」日本機械学会

図 1-4-20 突起物の回避＊2

図 1-4-21 アンダーカットの回避

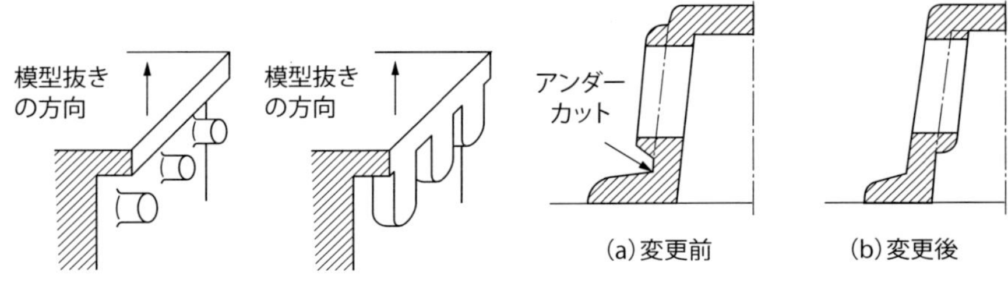

(出典＊2：「鋳造品の設計に対するチェックリスト」綜合鋳物センター)

(出典：「鋳物設計」鋳造技術講座編集委員会（日刊工業新聞社))

要点 ノート

複雑な形状を一体で成形できることが鋳造法のもっとも大きな特徴で、リブ構造や、鋳抜き穴などを上手に活用します。ただし、アンダーカット形状はできる限り避けなければなりません。

鋳造作業・機械加工のしやすい設計

❶鋳造作業の容易さ

⑴模型製作の容易さ

砂型鋳造などでは製品と同じ形状をした模型を使って造型します。模型はできる限り作りやすい形状とします。**図1-4-22**(a)のようにa面、b面が曲面で構成されていると加工しにくいですが、(b)のように両面を平面にすることで模型を作りやすくすることができます。

⑵造型の容易さ

造型にあたっては、模型のどこを鋳型分割面とするかで造型の難易が決まります。分割面はできる限り単純な平面とします。たとえば、**図1-4-23**(a)のような製品形状にすると分割面に段差ができて造型しにくいですが、(b)のように平面に変更することで造型が容易になります。

⑶鋳造の容易さ

鋳型に溶湯を鋳込む際の湯流れや凝固に伴う欠陥の発生を考慮に入れて鋳造品の設計を行うことが大切です。肉厚が薄すぎると湯流れ欠陥が発生し、厚肉部があるとひけ巣などの鋳巣欠陥を発生します。**図1-4-24**(a)のように薄肉部があると十分な押湯効果が得られずひけ巣を発生する可能性があるので、(b)のように上部の肉厚を厚くして下から上に向かって凝固（指向性凝固といいます）させることで、押湯効果が得られます。

⑷型ばらしの容易さ

砂型鋳造した後の鋳物は、鋳型や中子をこわして鋳物を取り出します。**図1-4-25**(a)のように奥まった部分の中子砂は排出しにくいので、(b)に示すように鋳抜穴を用いると排出しやすくなります。

❷機械加工の容易さ

部品として使用される鋳物は、ほかの部品と精度よく組み合わせるためには機械加工されることが多くあります。鋳物を機械加工する際には、鋳物を機械に取り付けやすく、位置決めをしやすい形状にする必要があります。**図1-4-26**(a)のような穴開け加工をする場合にはドリルが斜めにあたり逃げてしまいますが、(b)のような形状に設計することでドリルの逃げがなくなります。

図 1-4-22 模型の形状＊1

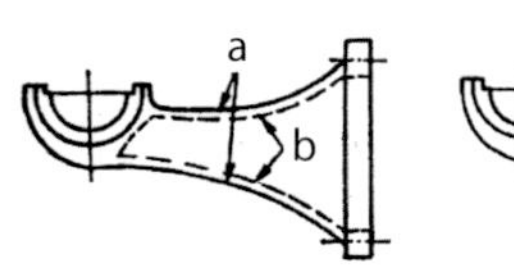

（a）曲面形状　（b）平面形状

図 1-4-23 分割面の変更＊2

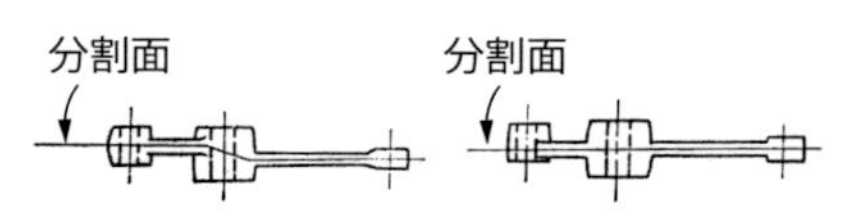

（a）分割面の段差　（b）分割面の段差解消

図 1-4-24 指向性凝固による押湯効果＊3

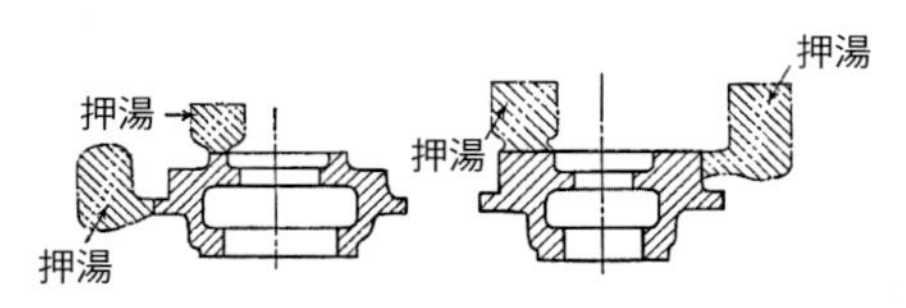

（a）押湯効果が小さい　（b）押湯効果が大きい

図 1-4-25 中子の密閉化を回避＊4

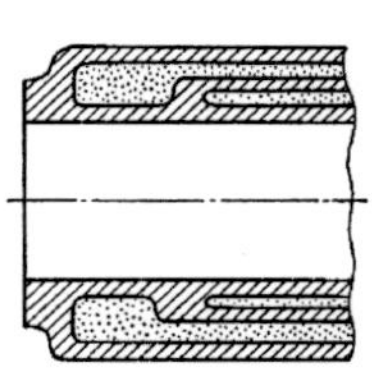
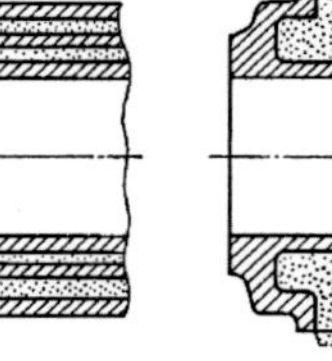

（a）中子の砂出し困難　（b）鋳抜き穴より砂出し

図 1-4-26 工具の逃げを防止する形状＊4

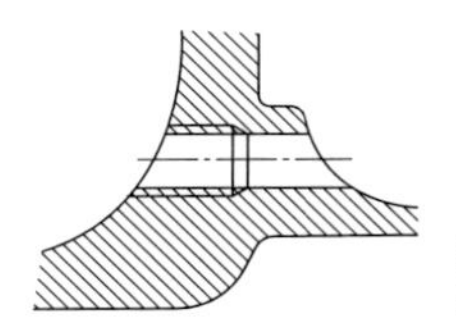

（a）ドリルが斜めにあたり逃げる　（b）ドリルの逃げがなくなる

〔出典〕＊1：「鋳物の現場技術」千々岩健児（日刊工業新聞社）
＊2：「鋳物設計」鋳造技術講座編集委員会（日刊工業新聞社）
＊3：「鋳造品の設計に対するチェックリスト」綜合鋳物センター
＊4：「鋳造品の形状設計」日本機械学会

要点 ノート

鋳物の設計は、模型製作、造型、鋳造、型ばらしなどの一連の鋳造作業や機械加工などの後加工（鋳バリ除去、機械加工、塗装など）の作業を考えて行う必要があります。変更がある場合は、ユーザとよく吟味して設計します。

流体の特性を理解する

❶流体の特性

すべての物質は、固体、液体、気体の状態に分類されます。鋳造では金属を溶かして液体状態とし、任意の形状の鋳型空間に流入させて冷やして固体状態にします。液体や気体は流体と呼ばれ、さまざまな法則があります。ここでは鋳造において扱う代表的な3つの法則について簡単に紹介します。詳細は、流体力学の専門書を参照してください。

❷ベルヌーイの定理

ベルヌーイの定理は、「流体の運動が時間的に変化しない場合（これを定常流れといいます）、流体の圧力エネルギー、運動（速度）エネルギー、位置（高さ）エネルギーは互いに変化するもののその総和は常に一定である」ということです。つまり、さまざまな状態にあってもそのエネルギーは一定であるという「エネルギー保存則」になります。

図1-5-1に管の中を流体が流れている状況を示します。A点とB点における圧力（第1項）、運動（第2項）、位置（第3項）のそれぞれのエネルギーの総和は式（*1.5.1*）に示すように一定です。

$$P_1+\frac{\rho {v_1}^2}{2}+(\rho g h_1)=P_2+\frac{\rho {v_2}^2}{2}+(\rho g h_2)=\mathrm{const} \qquad (1.5.1)$$

ここで、P_1、P_2：A、B点での流体の圧力、v_1、v_2：A、B点での流体の流速、ρ：流体の密度、h_1、h_2：A、B点での流体の高さ、g：重力加速度

式（*1.5.1*）は、たとえば湯溜りに注湯された溶湯は湯口を落下することで速度を得て、湯道、せきを通って鋳型空洞部に流入し、空洞部が充満されると速度が0になります。これは、位置エネルギーが速度エネルギーに変わり、再び位置エネルギーに変わることを意味しています。

❸連続の式

連続の式は、「非圧縮性流体では、管路のどの部分の断面をとっても、その断面を通過する流量Qは同じである」というものです。**図1-5-2**に示すような断面積の異なる円管の中を流体が流れる場合の各断面の面積と速度の積は、式（*1.5.2*）に示すように一定となります。

$$Q = v_1 A_1 = v_2 A_2 = v_3 A_3 \qquad (1.5.2)$$

A_1、A_2、A_3：流路断面積 v_1、v_2、v_3：各断面での流速

式（*1.5.2*）は、たとえば湯口、湯道、堰を流れる溶湯は、広いところでは速度が遅くなり、狭いところでは速度が速くなることを意味しています。

❹パスカルの原理

パスカルの原理は、「密閉した容器中に静止している流体の一部に加えられた圧力は、容器内の流体のすべての部分に同じ強さで伝わる」というものです。**図1-5-3**に示すような密閉された容器の小さいシリンダに力F_0を加えたとき、容器内には圧力がP発生し、この圧力は大きなシリンダに同じ圧力で伝わり、力F_1が働きます。これを式で表すと式（*1.5.3*）になります。

$$P = F_0 / A_0 = F_1 / A_1 \qquad (1.5.3)$$

P：圧力、F_0、F_1：荷重、A_0、A_1：断面積

式（*1.5.3*）は、たとえば上下2つの鋳型で構成された空隙部に溶湯を充満させたとき上部の鋳型には湯溜りの高さの圧力が上側の空洞部全面にかかるため、おもりを載せておかないと鋳型が開いて溶湯が隙間から流れ出てしまいます。

図 1-5-1 ベルヌーイの定理

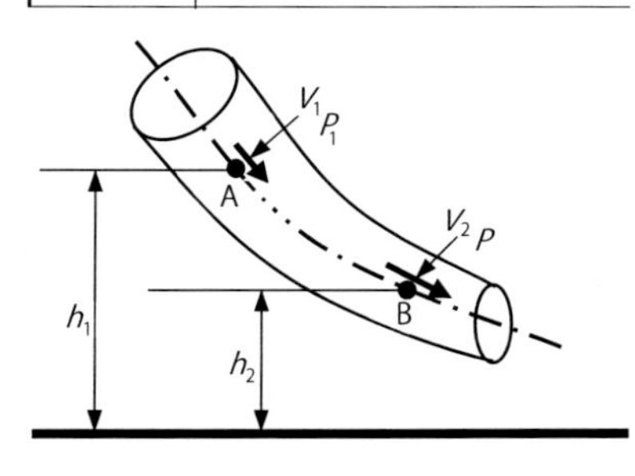

図 1-5-2 連続の式

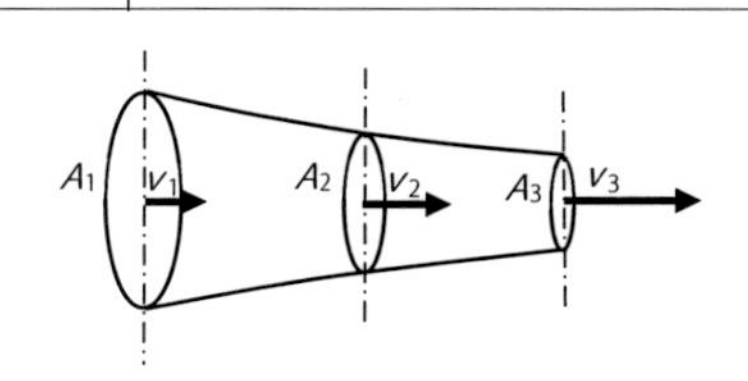

図 1-5-3 パスカルの原理

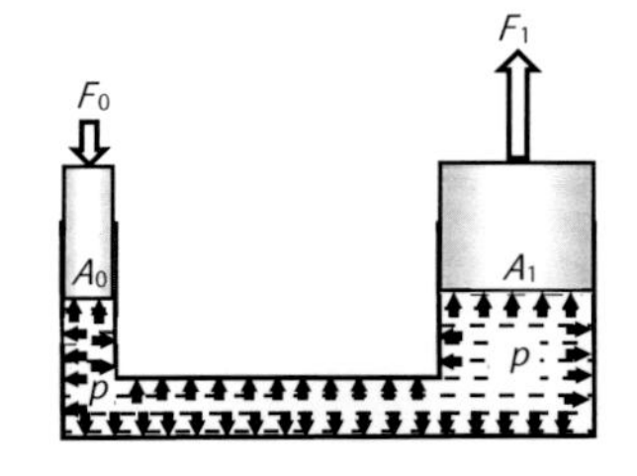

要点 ノート

鋳造は、液体金属を扱うため流体力学の原理・原則を知っておく必要があります。中でもベルヌーイの定理、連続の式、パスカルの原理は大切ですので理解しておきましょう。

鋳型内での湯流れと凝固を理解する

❶鋳型内での湯流れ

一般的に鋳造において重要なことは、溶湯をいかに「乱れなく速やか」に鋳型内に充填するかにあります。

図1-5-4に流体の乱れた流れと乱れがなく整然と流れる場合の模式図を示します。前者を乱流といい、後者を層流といいます。流体の流れが乱流か層流かを判断するパラメータとして、式（*1.5.4*）に示すレイノルズ数（Reynolds number）：Reがあり、大きいほど乱流になりやすくなります。

$$Re=\frac{vL}{\mu/\rho} \qquad (1.5.4)$$

ここで、ρ：流体の密度〔kg/m^3〕、v：流体の流速〔m/s〕、L：代表長さ（断面が円の場合は直径）〔m〕、μ：流体の粘性〔Pa･s〕。

分母は粘性係数を流体の密度で割ったもので、動粘性係数と呼ばれます。溶湯が層流となるか乱流となるかの境界の値を臨界レイノルズ数といい、通常は2300～3000といわれます。**図1-5-5**に水道の蛇口（じゃぐち）から流れる水の様子を示したものですが、蛇口から出てすぐには静かにまっすぐ流れますが、次第に落下速度が速くなるにつれ乱れた流れになります。式（*1.5.4*）のvが大きくなり層流から乱流に変化するためです。

しかし、実際の鋳造では臨界レイノルズ数以下で鋳型内の溶湯を流動させることは難しいので、流れがいちじるしく乱れて溶湯の表面から飛沫が発生したり、気泡の巻き込みなどが起きやすくなったりして、鋳物の品質への悪影響が出るとされる20,000以下のレイノルズ数にする考え方もあります。

❷鋳型内での凝固

鋳型内に充填された溶湯は、鋳型に熱を奪われることで凝固します。このときに凝固にかかる時間を「凝固時間」といい、砂型鋳造において溶湯の過熱度（液相線温度より高い温度）が無視できるとき、式（*1.5.5*）に示すクボリノフの式で示されます。

$$t=C(V/S)^2 \qquad (1.5.5)$$

ここで、t：凝固時間〔min〕、C：クボリノフ定数〔min/cm^2〕、
V：鋳物の体積〔cm^3〕、S：鋳物の表面積〔cm^2〕。

鋳型に鋳込まれた溶湯の凝固時間が体積と表面積の比の2乗に比例していることを示した法則です。V/Sはモジュラス（M）と呼ばれます（**図1-5-6**）。**表1-5-1**にモジュラスの例を示します。**図1-5-7**に鋳鋼のモジュラスと凝固時間の例を示します。ちなみに鋳鋼の場合のCは、$2.1 \sim 2.5\ min/cm^2$といわれています。クボリノフの式は、押湯の設計などに用いられます。

図 1-5-4 乱流と層流の模式図

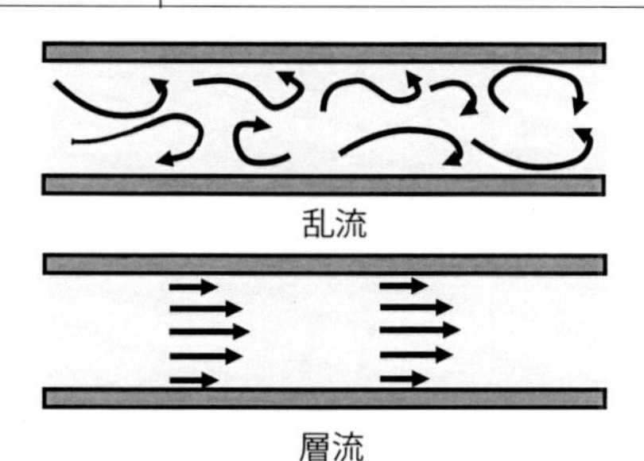

図 1-5-5 蛇口からの水の流れの模式図

図 1-5-6 鋳物のモジュラス

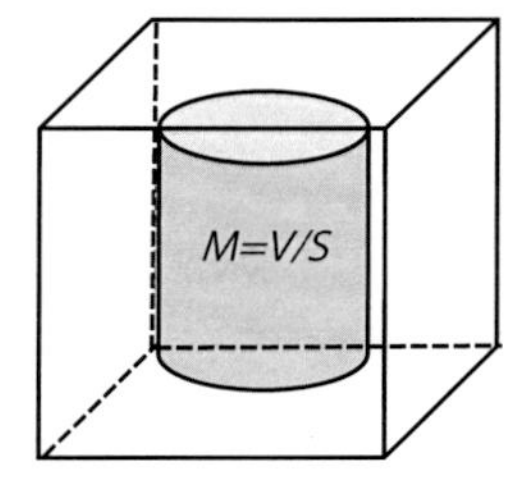

表 1-5-1 モジュラスの計算式の例

形　状		計算式
立方体	一辺の長さ：a	$M = a/6$
円柱	半径：r、高さ：h	$M = rh/2(r+h)$
球	直径：d	$M = d/6$

図 1-5-7 鋳鋼のモジュラスと凝固時間の関係

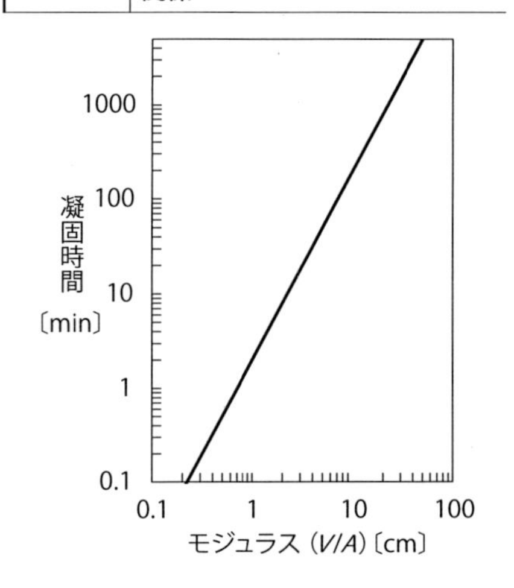

要点 ノート

鋳造では、いかに溶湯を「乱れなく速やか」に鋳型内に充填して健全な鋳物を得るかが大切です。そのためには、湯流れと凝固の基本となる現象を理解することが大切です。

鋳造方案の名称と役割を理解する

❶砂型鋳造の鋳造方案例

図1-5-8に砂型鋳造の場合の鋳造方案における、各方案部の役割を**表1-5-2**に示します。

湯溜り（ゆだまり）は受け口ともいわれ、注湯を容易にして滓（かす）を浮かせるために湯口の上に設けられます。湯口は、溶湯を鋳型内に導く流路のことで、湯溜りから垂直になった部分をいいます。通常は、空気の混入を防ぐため、テーパが付けられています。湯口底は、垂直に落下する溶湯の勢いを止めて、流れをおだやかにする目的で付けられます。

湯道は、湯口と堰（せき）との間を連結する水平になった溶湯の流路のことで、その先端を湯道先といい、湯道内にかすやゴミを溜める役割もあります。せきは、湯道からの溶湯が鋳物部に流れ込む流路のことで、鋳型側を鋳込口ということがあります。

押湯は、注湯された溶湯の凝固収縮によって不足する溶湯を補給するために、最後に凝固する位置につけます。揚り（あがり）は、鋳型内に湯が完全に満ちたことを確認するためにつけますが、ガス抜きの役割を兼ねる場合もあります。ガス抜きは、鋳型内の空気や鋳型から発生するガスを鋳型外部に逃がすためにつけます。

この他、中空部を形成するための中子、ひけが発生しやすいところや金属組織を微細にしたいところに金属製のブロックを当てて冷却を速める冷し金などがあります。

❷低圧鋳造の鋳造方案例

図1-5-9に低圧鋳造の場合の鋳造方案の例を示します。低圧鋳造法は、密閉したるつぼ内の溶湯表面に空気圧を加えてストーク内を通してるつぼ上部の金型内に充填するため、湯口は製品の下部に設けられます。金型内に充填された溶湯は、金型の製品上部より順次凝固（指向性凝固といいます）させ、凝固収縮分を湯口からの溶湯の補給によって供給します。したがって、低圧鋳造では砂型鋳造のような押湯はありません。湯口の取り付け位置は、もっとも製品の肉厚が厚い箇所になるよう製品を配置します。湯口から遠いところに厚肉部が

ある場合には、渡りぜきを設けて押湯を行います。

溶湯はできる限り静かに充填させるため、湯口は広い断面積が得られるようにします。**図1−5−10**に湯口形状の例を示します。製品によっては、数箇所に湯口を設けて充填時間を短くすることもあります。

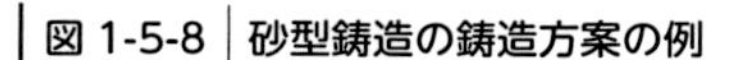

図 1-5-8 砂型鋳造の鋳造方案の例

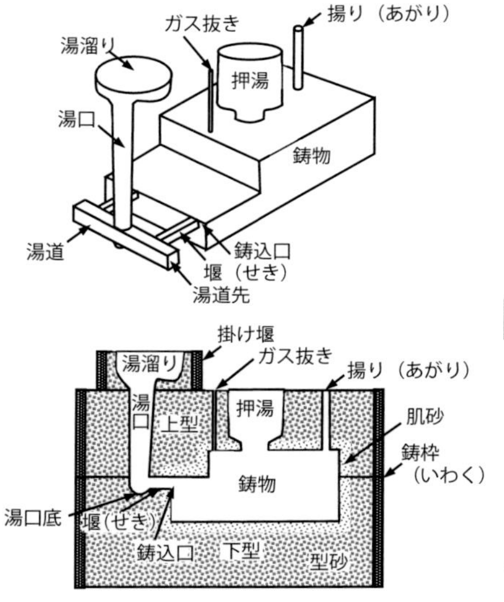

図 1-5-9 低圧鋳造の鋳造方案例＊1

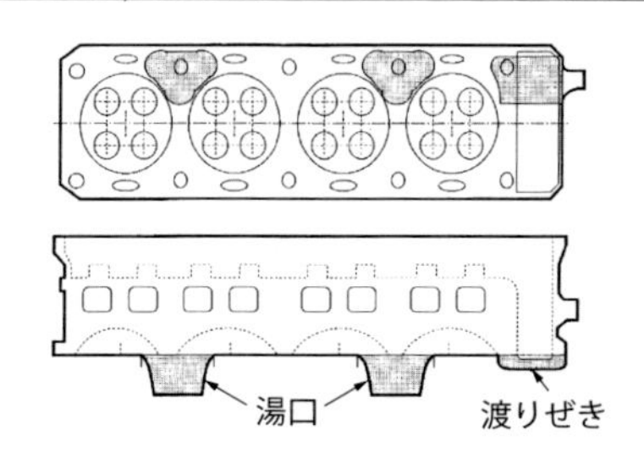

図 1-5-10 低圧鋳造の湯口形状例＊1

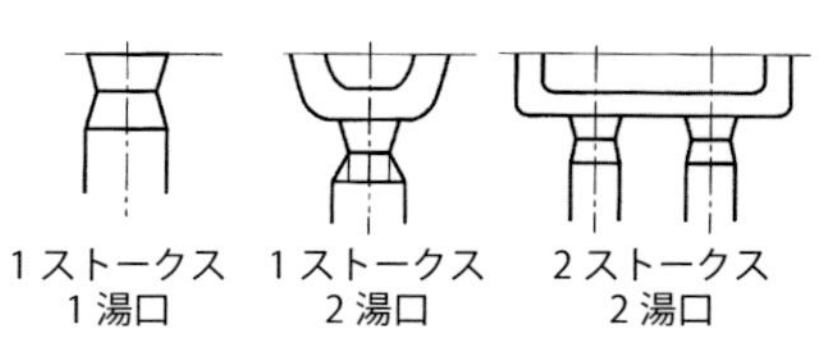

（出典＊1：「軽合金鋳物・ダイカストの生産技術」素形材センター）

表 1-5-2 砂型鋳造の鋳造方案の名称と役割

名　称	役　割
湯溜り	注湯を容易にし、かすを浮かせるために湯口の上にもうけられる溶湯の受け口
湯口	溶湯を鋳型内に導く最初の流路。垂直にも設けられ湯道に接続する
湯口底	溶湯の流れをおだやかにするために湯口直下に設けられる半球状のへこみ
湯道	湯口とせきとの間を連結する溶湯の流路
湯道先	湯道の先端を行きづまりにして汚れた溶湯をためる
堰（せき）	湯道と鋳物部を結ぶ溶湯の流路
押湯	注湯された溶湯の凝固収縮によって不足する溶湯を補給する
揚り	鋳型内に湯が完全に満ちたことを確認する
ガス抜き	鋳型内の空気・ガスを容易に逃がす
鋳枠	鋳型を作る場合に周囲を囲って鋳型砂を保持する金属もしくは木製の枠

要点 ノート

鋳造方案は、溶湯を鋳型内部に導く経路のことをいいます。鋳造方案の良し悪しは、鋳物の品質に大きく影響するので、原理原則に基づいて設計する必要があります。

砂型鋳造の湯口系の設定はどのようにするか

❶湯溜り

湯溜りは、溶湯が直接鋳型内に入らないように、一時的に溶湯を溜めるもので、酸化物や介在物を浮かせるとともに溶湯が静かに湯口に流入させる役割を持っています。**図1-5-11**に湯溜りの例を示します。(b)のように仕切りを設けると介在物の混入を少なくできます。

❷湯口

湯口を落下する溶湯は、下にいくほど重力の影響で溶湯の落下速度が増すため、断面が細くなります。したがって、通常、湯口は**図1-5-12**(a)のようにテーパが付けられています。もしテーパが突いていないと湯口内に低圧部ができて空気を巻き込んでしまいます。

❸湯口底

湯口底は、落下する溶湯の流速を落として、湯の乱れを少なくするために**図1-5-13**(a)に示すように大きくします。湯口底の形状を(b)のようにすると、湯口底内で溶湯が回転して撹乱されるので注意が必要です。

❹湯　道

湯道は、鋳型空隙部に向かって流れる溶湯の速度を落として流れを静かにする役割があります。湯道の先端を湯道先といい、湯道内にかすや酸化物を溜める役割があります。湯道の途中に**図1-5-14**に示すような形状を設けて、ガスや酸化物などのかすを除去する方法もあります。

❺堰（せき）

せきは、湯道から流れてきた溶湯を鋳型空間部に導く経路です。**図1-5-15**に代表的なせきの形状を示します。(a)は鋳物の上段から流入させるもので落込みぜき（おとしこみぜき）といいます。(b)は鋳物の中段にせきを設けて溶湯を流入させるもので、縦に数段のせきを設けたものを段堰（だんぜき）といいます。(c)は鋳物の下部から溶湯を流入させるもので押上ぜきといいます。

せきの断面積（A_g）は、式（*1.5.6*）で示されます。

$$A_g = W/t \cdot \rho \cdot v \quad (1.5.6)$$

ここで、W：鋳込み質量〔kg〕、t：鋳込み時間〔s〕、ρ：溶湯の密度

〔kg/m³〕、v：流速〔m/s〕。また、鋳込み時間（t）は式（*1.5.7*）の鋳鉄における経験式（Whiteの式）で、流速（v）は式（*1.5.8*）で求められます。

$$t=0.65\sqrt{W} \qquad (1.5.7)$$

$$v=C\sqrt{2gh} \qquad (1.5.8)$$

ここで、C：流量係数で複雑なものは0.5～0.6、単純なものでは0.9～1.0、
g：重力加速度〔m/s²〕、h：湯口の高さ〔m〕

❻湯口比

湯口、湯道、せきの断面積の比を湯口比といいます。湯口比は、湯口系の先端に向かって断面積を狭めて圧力を高くする加圧系と断面積を広げて圧力を低くする非加圧系（減圧系）に分かれます。**表1-5-3**に湯口比の例を示します。

図1-5-11　湯溜りの例　**図1-5-12　湯口の形状**　**図1-5-13　湯口底の形状**

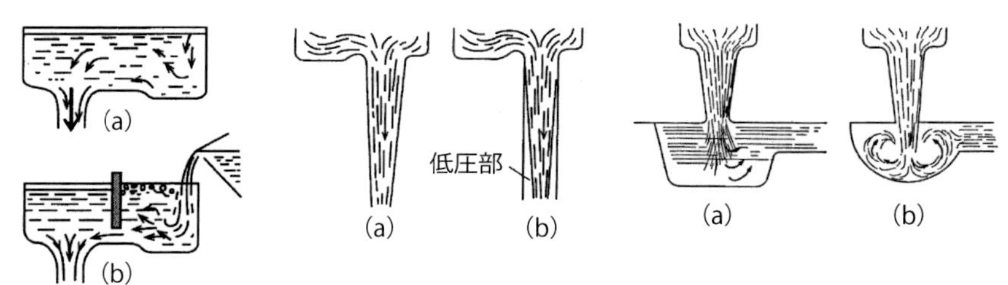

図1-5-14　かすなどを除去する湯道形状の例

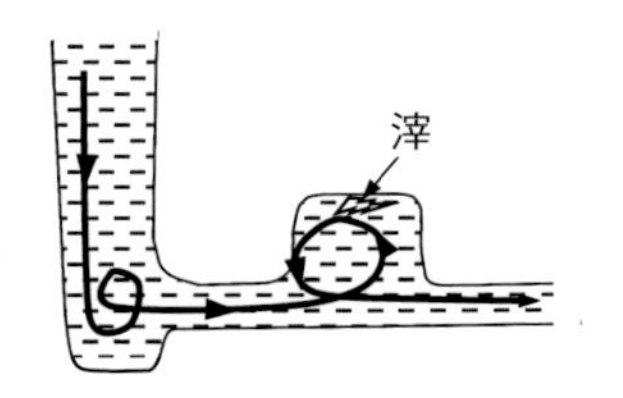

図1-5-15　代表的なせきの形状

表1-5-3　湯口比の例

鋳造材料	湯口比
鋳鉄	1：0.9：0.8（加圧系）
	1：1.5：2（非加圧系）
鋳鋼	1：1：1あるいは1：2：2
青銅	1：2：1あるいは1：2：2
アルミニウム合金	1：1：4あるいは1：2：4
マグネシウム合金	1：2：2あるいは1：4：4

要点 ノート

湯口系は、湯溜り、湯口、湯道、せきから構成され、できる限り乱れなく速やかに鋳型空洞部に溶湯を流入させることが大切です。また、滓（かす）や酸化物などを途中に留める工夫も大切になります。

押湯系・冷し金はどのように設定するか

❶押湯系

一般的に鋳型に鋳込まれた溶湯は、凝固を完了するまでに体積が収縮します。収縮する体積は、液体での収縮（液体収縮）と凝固時の収縮（凝固収縮）を合わせた分になります。**表1-5-4**に代表的な鋳造合金の凝固時の収縮率を示します。黒鉛は凝固時に体積が膨張するので共晶鋳鉄（CE＝4.3）は収縮率が0になります。

凝固収縮分を補うために押湯（おしゆ）を付けます。押湯の付け方を押湯方案といい鋳物の品質を左右します。**図1-5-16**に押湯の例を示します。押湯にはつける場所によって、(a)直下押湯、(b)側面押湯などがあります。直下押湯は溶湯補給を必要とする直上に設けます。側面押湯は鋳物の側面に設け、湯口や湯道に直結しているため押湯効率が良くなります。

押湯が、鋳物の凝固した後に凝固すればひけ巣は発生しないことになります。そのための目安として、モジュラス（M）を使用します。

今、鋳物のモジュラスをM_c、押湯のモジュラスをM_rとすると、式（*1.5.9*）が満たされればひけ巣の発生を抑制できます。

$$M_r \geq M_c \qquad (1.5.9)$$

安全率を見て押湯の大きさは、式（*1.5.10*）から計算します。

$$M_r = 1.1M_c \qquad (1.5.10)$$

なお、モジュラスの計算には鋳物と押湯との境界面積は除外します。押湯の高さは直径の1.0～1.5倍を見積もります。

押湯からの溶湯補給はある程度の範囲に限られており、**図1-5-17**に示すように鋳物の厚さと距離によって決まります。**表1-5-5**に押湯の有効範囲の例を示します[2)]。

❷冷し金

冷し金は、鋳物の一部を速く冷やしたい場合に用いる、熱伝導がよく熱容量の大きい物体（金属や黒鉛）のことで、ひけ巣の発生防止や影響の少ない部分にひけ巣を移動する場合などに用いられます。また、ねずみ鋳鉄では黒鉛形状を変えたり、球状黒鉛鋳鉄では黒鉛粒数を多くしたりしたい場合などに用います。

冷し金には**図1-5-18**に示すように、外冷しと内冷しがあります。外冷しは、**図1-5-19**に示すように、表1-5-5の有効範囲を超えた場合に冷し金をあてて端面からの凝固を促進して、押湯の有効範囲内に最終凝固部を移動させたいような場合に用います。冷却速度を大きくしたい場合には、直接鋳物と接するように設置します。大きな冷却速度を必要としない場合には、冷し金と鋳物の間には砂の層を介在させます。内冷やしは、図1-5-18(b)に示すように、肉厚部に製品と同じ材質を鋳ぐるみ、ひけ巣を防止する場合に適用されます。

表 1-5-4　代表的な鋳造合金の凝固時の収縮率

鋳造合金	体積収縮率〔%〕
炭素鋼鋳鋼	7
ねずみ鋳鉄（CE＝2.5）	5.5
ねずみ鋳鉄（CE＝4.3）	0
球状黒鉛鋳鉄	5.5
青銅	4.5
黄銅	6.5
アルミニウム合金（Al-12 %Si）	4～5
マグネシウム合金	4.5

表 1-5-5　押湯の有効範囲の例

鋳造合金	有効範囲〔N〕
炭素鋼鋳鋼	4.5T
ねずみ鋳鉄	8T
球状黒鉛鋳鉄	6～6.5T
青銅（肉厚20～40 mm）	6T
黄銅	5.5T
アルミニウム合金	6T

図 1-5-16　押湯の例

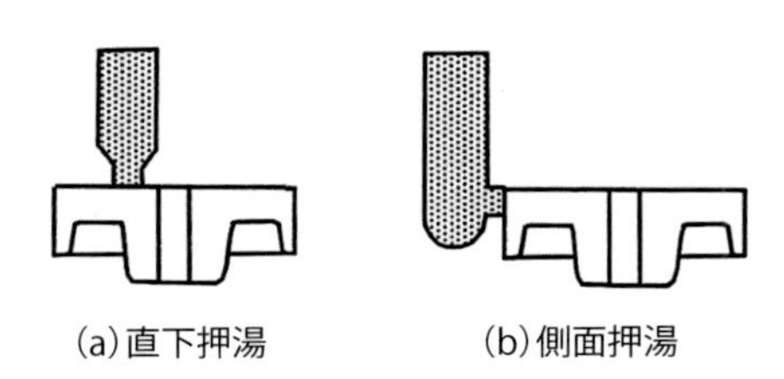

図 1-5-17　押湯の有効範囲

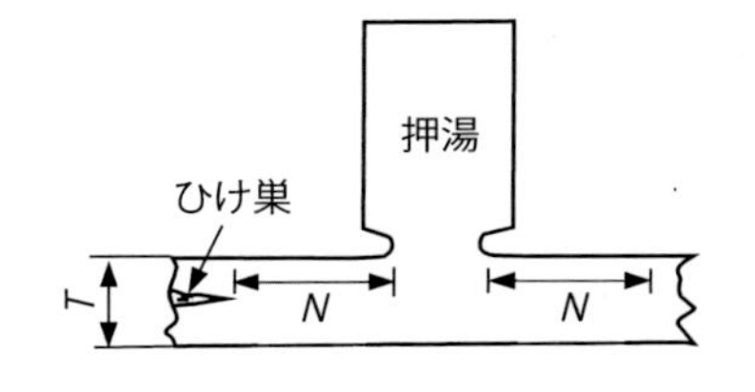

図 1-5-18　冷し金の例

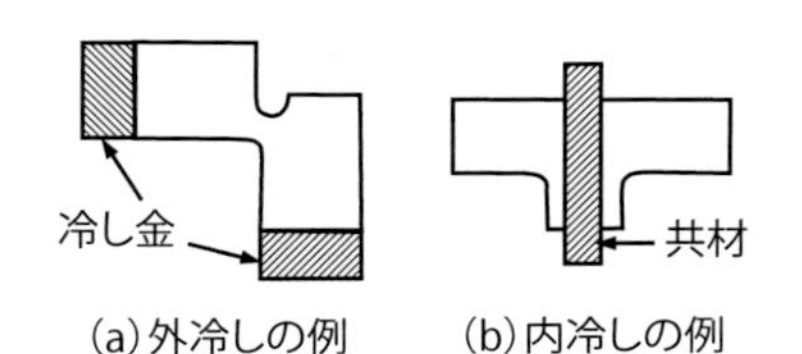

図 1-5-19　押湯の有効範囲と冷し金の例（板状鋳物の場合）

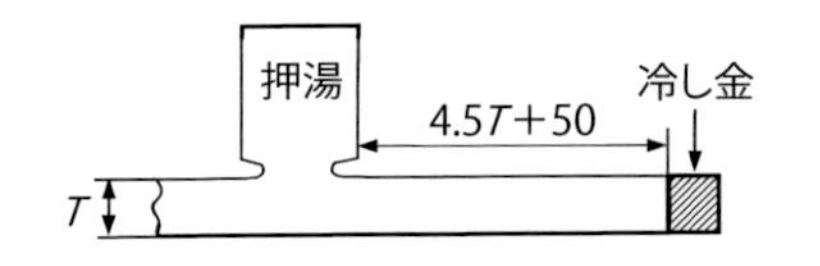

要点 ノート

- 鋳型内の溶湯が凝固する際に収縮する体積分を補うために、押湯を設けます。
- 適切な押湯を設定しないと歩留りを悪くしたり、ひけ巣を発生したりします。
- 押湯が不十分なところは冷し金を用います。

コラム

● 鋳造法に共通の鋳造欠陥 ●

①鋳バリ

製品プロフィールから張り出した薄い突出部を「鋳バリ」といいます。発生原因は、鋳型分割面、鋳型と中子の間などの隙間に溶湯が侵入したことによります。

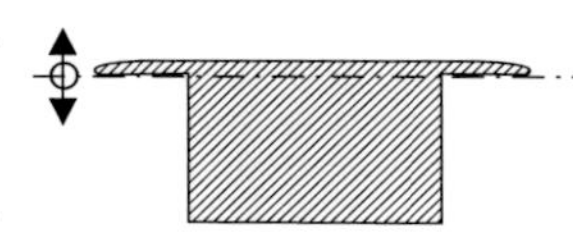

②ひけ巣

製品の肉厚部に発生する比較的大きな空洞を「ひけ巣」といいます。形状は不定形で、内壁面には樹枝状晶の突起が見られます。発生原因は、凝固時の体積収縮に対して湯口、押湯からの溶湯補給が不十分なことによります。

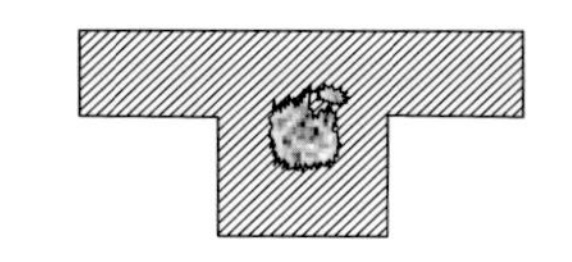

③ブローホール

丸みを帯び、内面が滑らかな鋳物内にできた比較的大きな空洞を「ブローホール」といいます。溶湯内に巻き込まれた空気やガス、溶湯と鋳型あるいは中子との反応によって発生したガスなどが鋳物内に残留することによります。

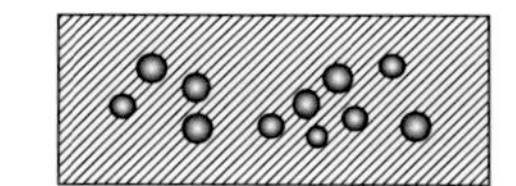

④湯回り不良

鋳型内のすみずみまで溶湯が満たされずに発生した欠肉を「湯回り不良」といいます。欠肉部先端の角部は丸みをおびています。発生原因は、鋳込み温度が低い、鋳込み速度が遅い、鋳型内の空気やガスの排気が不十分な場合などがあります。

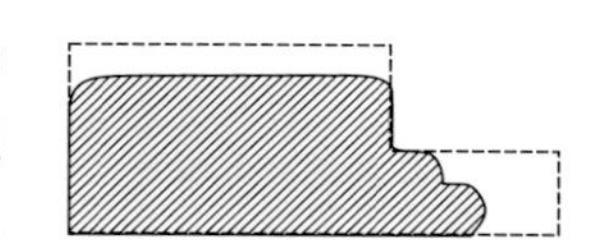

⑤割　れ

鋳物のさまざまな場所に発生する亀裂を「割れ」といいます。凝固中に生ずる応力によって発生する「熱間割れ」、冷却中に発生する収縮応力によって発生する「冷間割れ」、凝固収縮によって発生する「引け割れ」などがあります。

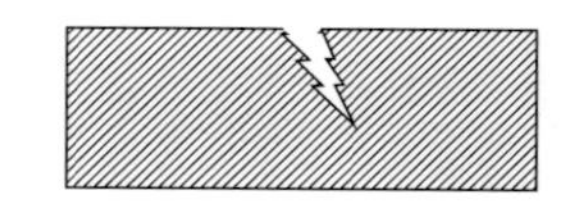

【第2章】

砂型鋳造を始めよう！

模型の種類と製作

❶模型とは

砂型鋳造では、鋳物と同じ形状の空洞を鋳型の内部に作る必要があります。これをこの空洞を作るための原型を模型(もけい)といいます。模型には空洞部の外部を作るための主型(おもがた)と、鋳物の中に中空部を設けるための中子(なかご)を作る中子取りがあります。

模型には、木材を用いて作る木型と、金属を用いて作る金型があります。**図2-1-1**に加工中の木型の例を示します。木型は加工が容易で軽いので取り扱いが便利で、比較的安価なので、鋳型製作にもっとも広く用いられます。一般にひのき、杉、姫小松、ほう、などが用いられます。

金属を用いる金型は、寸法精度がよく、変形や破損がしにくく、作業性、耐久性にすぐれ、長期保存も容易なので大量生産に使用されますが、製作費が高いという欠点があります。金型の材料としてアルミニウム、黄銅、鋳鉄、または銅板が用いられます。

その他、石膏、発泡スチロール、樹脂などで模型を作ることがあります。最近ではNC加工機や3Dプリンタによる樹脂模型製作も行われています。

❷模型の種類

模型には、立体型と板型があり、型込めの方法によって**図2-1-2**のような種類があります。鋳物と同じ形状をした模型を単体型（あるいは現型）といい、比較的小さなものに用いられ、鋳型を作る場合に、もっとも多く用いられます。割り型は、模型を2つ以上に分割できるように作ったものです。重ね型は、割り型でも鋳型が作りにくい場合にさらに分割したものです。骨組型は、材料と工数の節約のために、骨組みだけで作ったもので、大物の鋳物に適しています。引型は、軸を中心にして板を回転させて鋳型を作るもので、鋳物が回転断面の場合に適しています。木型費を節約することができます。かき型は、板をかき動かして模型を作るもので、製品の断面が一様で細長いものに適しています。

その他、マッチプレートといわれるみきり面（分割面）によって上型、下型に分割された模型を上面、下面に取り付けた木製、あるいは金属製の板があります。主に造型機による型込め作業に広く用いられ、手込め作業にも利用されています。マッチプレートの材料としてアルミニウム合金、銅などを用いて作られ、小物の量産に適しています。

図 2-1-1 加工中の木型

（写真提供：日本鋳造工学会）

図 2-1-2 模型の種類

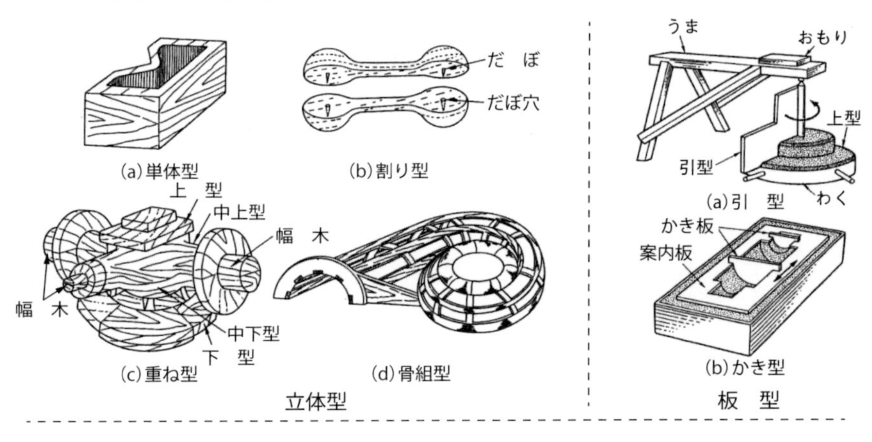

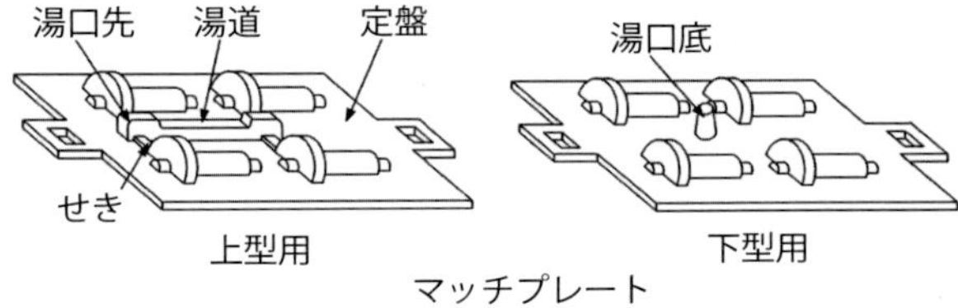

要点 ノート

砂型鋳造では、溶湯を鋳込んで鋳物を得るための空洞を砂の中に作るために、鋳物と同形状をした模型を製作します。模型の良否は鋳物品質を大きく左右します。

鋳物砂の種類

❶鋳物砂とは

砂型鋳造において鋳型を作るために用いる砂を鋳物砂といいます。鋳物砂は、**図2-1-3**の模式図に示すように、骨材（鋳型を作るときの主たる砂）である砂粒（けい砂）と粘結剤（粘土：ベントナイト）や添加剤（石炭粉、でん粉など）などの添加物からなっています。

❷鋳物砂の種類

図2-1-4に鋳物砂の分類を示します。鋳物砂には大別して山砂と合成砂があります。

山砂は、粘土分を2％以上含んだ砂で、JIS G 5902:1974に粘土分の割合によって1種～4種に分類されています。1種は粘土分が2％以上10％未満、2種は10％以上20％未満、3種は20％以上30％未満、4種は30％以上40％未満です。**図2-1-5**に山砂の例を示します。産地によって粘土分が異なりますが、粘土分が15～20％あれば水を加えて混合するだけでそのままで鋳物砂として使用できます。粘土分が少ないときは適量の粘土を加えて使用します。

合成砂は、骨材として主にけい砂が用いられ、粘土分（ベントナイト）や添加剤を加えたものです。骨材には、けい砂と特殊砂があります。けい砂の主成分は、石英やけい岩で二酸化けい素（SiO_2）の結晶でできた鉱物です。

表2-1-1にけい砂の分類を示します。けい砂には、天然けい砂と人造けい砂があります。天然けい砂は、川や砂浜などの自然界で採取した砂を水洗いや篩（ふる）い分けなどしたものです。**図2-1-6**に天然けい砂を示します。蛙（かえる）目けい砂、浜砂、川砂などがあります。これらは主に手込め造型やCO_2型の鋳物砂に用いられます。人造けい砂は、天然けい砂や石英片岩を破砕したものです。人造けい砂は不純物が少なく、SiO_2が95％以上含有されています。

特殊砂は、オリビン砂やジルコン砂などがあります。オリビン砂は、かんらん岩を粉砕したもので、MgO、SiO_2、FeOが主成分で熱伝導率がけい砂より優れています。また、ジルコン砂は、ZrO_2、SiO_2が主成分で熱的特性に優れていますが、国内では産出されないので高価です。

その他、原料鉱石を溶融あるいは焼結して成形した溶融法人造砂や焼結法人造砂があります。人造砂は、Al_2O_3やSiO_2が主成分で、**図2-1-7**に示すように粒形が球に近いために流動性および充填性に優れ、高い成形性と鋳型強さが得られます。また、熱膨張率が低いため、鋳型の割れ・変形が少なく、鋳物の寸法精度が向上します。硬さ、耐衝撃性が良いので反復利用性に優れています。

図 2-1-3 鋳物砂の模式図

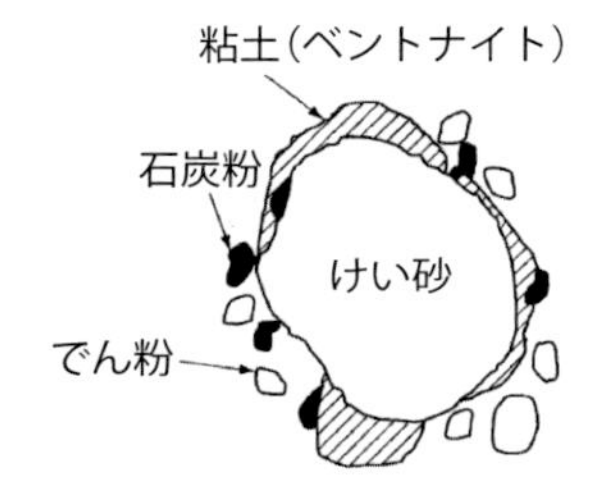

図 2-1-4 鋳物砂の分類

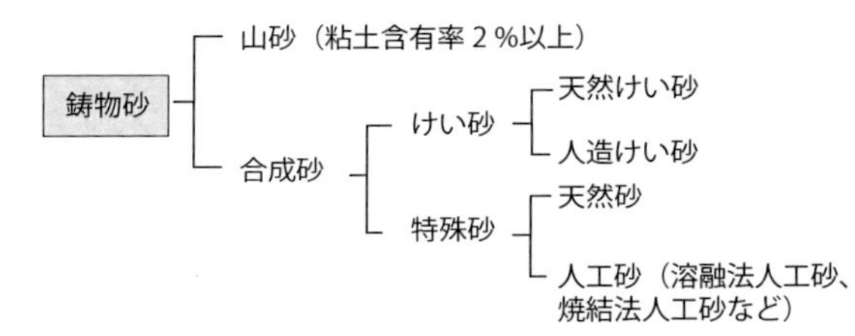

図 2-1-5 山砂の例

図 2-1-6 天然けい砂の例

図 2-1-7 溶融法人工砂の例

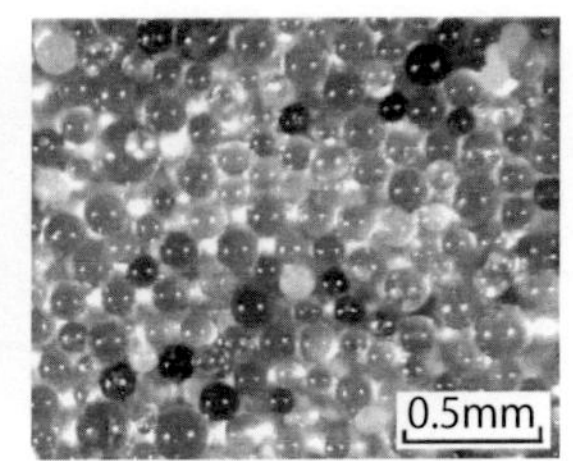

（写真提供：花王クエーカー㈱）

表 2-1-1 けい砂の種類

けい砂	天然けい砂（粉砕加工をしない）	川砂・・・荒川砂、木曽川砂、遠賀川砂など
		浜砂・・・知多砂、小名浜砂、寒川砂、豊浦砂など
		蛙目けい砂・・・瀬戸、土岐津、小高、淡路、筑豊（水洗いのみ）
		風化けい砂・・・瀬戸、土岐津、（篠岡けい砂）など（ほぐして水洗い）
	人造けい砂	コニカルけい砂・・・瀬戸、土岐津など（コニカルミルで加工）
		けい石けい砂・・・三河、筑摩、益田など（けい石を乾式加工）
		風化けい砂・・・筑摩、土岐津など（軟けい石を乾式で加工）

要点 ノート

砂型鋳造に使用する砂には、天然に産出する粘土分を含んだ山砂や、けい砂を主成分とする、砂に粘結剤として粘土や石炭粉、でん粉などの添加剤を加えた合成砂などがあります。

粘結剤と添加剤の役割

❶粘結剤

鋳物砂に水を添加しただけで造型する鋳型を生型(なまがた)といいます。

生型に使う砂にはけい砂が使用されます。山砂を使う場合にはすでに粘土分が含まれるので、水を添加して使用しますが、粘土分が少ないときは粘結剤としてベントナイトが添加されます。ベントナイトは、モンモリロナイト（Al_2O_3・$4SiO_2$・nH_2O）と呼ばれる耐火粘土鉱物の一種を主成分とする鉱物で、不純物として石英や長石などの鉱物を含んでいます。

モンモリロナイトは、厚さが1 nm、幅が0.1～1 μm程度の薄い扁平状の結晶で、**図2-1-8**に示すように2枚の四面体シートと1枚の八面体シートからなる3層を基本とした層状構造をしており、その八面体シート内のAl^{+3}が一部Mg^{+2}に置換されています。そのために結晶層は陽電価が不足して負の電荷を帯びており、その負電荷に見合うようにNa^{+}、Ca^{2+}などの陽イオンが層間に存在しています。層間陽イオンは、容易に交換（交換性陽イオンといいます）される性質を持っており、水との反応（水和反応といいます）により水分子を容易に取り込む特性があります。鋳物砂の粘結剤としては、Na^{+}を多く含んだNaベントナイトが使われます。

ベントナイトの粘結力は、**図2-1-9**に示すようにモンモリロナイトの結晶層の陰イオンと交換性陽イオンに働くクーロン力（静電気力のことで、2つの荷電粒子間に働く力で電荷の符号が正負であれば引力となり、同じであれば反発します）によって発生し、クーロン力は水が結晶層の層間に配列することで生まれます。

❷添加剤

鋳物砂には、鋳肌の改善、砂落としの容易さ、すくわれ（鋳物表面に金属が不規則に突出した状態のもの）の防止のため、でん粉、石炭粉、コークス粉、木炭粉などが添加されます。

(1)でん粉：主としてアミロースとアミノペクチンの混合物で、分枝状のミセル（分子間力による多数の分子の集合体構造をしたもの）を形成しており、けい砂の熱膨張に対するクッション材、砂型の型抜き抵抗の低減、砂の乾燥防止、表面安定性の向上、などの効果があります。

でん粉には、βでん粉とαでん粉があり、βでん粉は天然の結晶状態にあるでん粉で、αでん粉はβでん粉に水を加えて加熱して崩れた状態（デキストリン化）になったでん粉です。**図2-1-10**に示すようにでん粉は水が浸入することで膨潤して粘りが出て粘結力が発現します。

(2)石炭粉：弱粘結炭を粉砕し乾燥させたもので、焼付きの防止、溶湯酸化を防止、型ばらしにおける砂の崩壊性の向上などを目的に添加されます。コークス粉、木炭粉も同様な目的で添加されます。

図 2-1-8 モンモリロナイトの構造

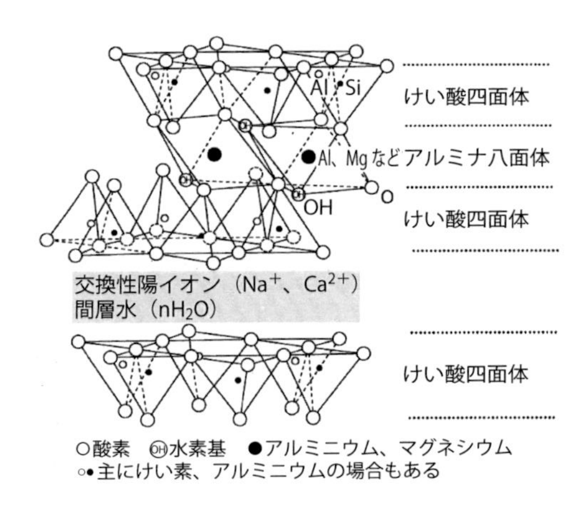

図 2-1-9 モンモリロナイトの粘結力　**図 2-1-10 でん粉の膨潤による粘結力発現**

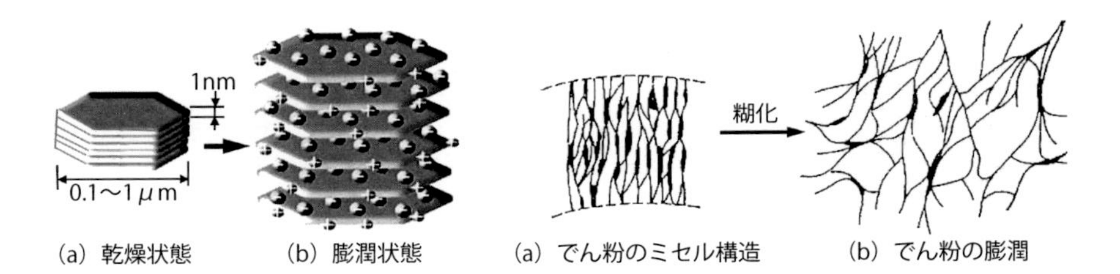

(a) 乾燥状態　(b) 膨潤状態　(a) でん粉のミセル構造　(b) でん粉の膨潤

要点 ノート

生型に使う鋳物砂には、けい砂のほかに粘結剤として粘土質のベントナイト、添加剤としてでん粉、石炭粉、コークス粉、木炭粉などが加えられます。これらに水を加えて混練することで、強固で耐熱性のある鋳型ができます。

塗型の役割と種類

❶塗型とは

塗型（とがた）は、造型後の鋳型や中子の表面に、黒鉛やジルコンフラワやシリカフラワなどの耐火物の微粉末を塗ったり、散布したりすることをいいます。これらの粉末を水やアルコールなどの溶剤に分散させたものを塗型剤といいます。

❷塗型の役割と特性

塗型の役割は、主型や中子を溶湯の熱から保護、砂への溶湯の差し込みの防止、型ばらし性の向上、溶湯と鋳型の反応抑制、鋳肌を美麗にするなどがあります。また、塗型剤には、鋳型面に塗布しやすいこと、高温の溶湯温度に耐えること、乾燥した塗型膜は十分な強度を持つこと、溶湯に侵食されないこと、塗型膜は緻密であること、ガスの発生量が少ないこと、などが要求されます。

❸塗型剤の構成

塗型剤は、基材、粘結剤、懸濁（けんだく）剤、調整添加剤、溶剤で構成されます。粘結剤は、塗型基材と鋳型とを接着させるために必要です。懸濁（けんだく）剤は、基材を沈殿し難くし、再攪拌性を良くします。調整添加剤は、活性剤、消泡剤、防腐剤などがあります。溶剤には、水、アルコール類が用いられます。

❹基材の種類

基材には、黒鉛粉、木炭粉、コークス粉、雲母（うんも）粉、滑石（タルク）粉、シリカフラワ、ジルコンフラワなどがあります。**表2-1-2**に基材の化学式、融点、比重を示します。

鋳鉄用としては黒鉛粉、シリカフラワ、ジルコンフラワが用いられます。

⑴黒鉛粉：天然に産出される黒鉛には大別して土壌黒鉛と鱗（うろこ）状黒鉛の2種類があります。塗型には黒鉛単独で用いる場合と、粘土水や糖蜜などと混合して用いる場合があります。生型には黒鉛を単独で用いることが多く、スプレーガンにて少量の水をスプレーしてから刷毛などで表面に塗り付けます。乾燥型（生型を十分に乾燥させた鋳型）には粘土水や糖蜜を混合して用います。**表2-1-3**に塗型剤の配合例を示します。

⑵木炭粉：木炭粉は、木炭を水中で砕いたものを用い、これを黒味（くろみ）

といいます。塗型には黒鉛と同様に単独か、あるいは粘土水などと混合して刷毛塗りが多く行われます。

(3)雲母粉、滑石粉：雲母粉や滑石粉は鱗片状をしており、これを粗めの袋に適当量を入れ、軽くたたいて布目から出る微粉を鋳型の表面に振りかけて使用します。

(4)シリカフラワ、ジルコンフラワ：セラミックス系の骨材は、耐熱性に優れるため、耐焼付き性および鋳肌改善に優れています。

表 2-1-2 基材の種類

基 材	化学式	耐火度、℃	比重
鱗状黒鉛	C	3500	2.2
土状黒鉛	C	3500	2.2
雲母	$K_2Al_4(SiAl)_2O_{20} \cdot (OH)_4$	1200	2.9
滑石	$Mg_3Si_4O_{10}(OH)_2$	1500	2.7
シリカフラワ	SiO_2	1670	2.6
ジルコンフラワ	$ZrO_2 \cdot SiO_2$	1825	4.5

表 2-1-3 乾燥型の塗型配合例

	黒鉛混合物	ベントナイト	その他	溶剤
鋳込温度 1350 ℃以下	(鱗状黒鉛0～40、土壌黒鉛または黒味100～60) 100	10～20	－	100～200
	(鱗状黒鉛20～50、土壌黒鉛またはコークス粉80～50) 100	10～20	－	100～200
鋳込温度 1350 ℃以上	(鱗状黒鉛80～90、コークス粉10～20) 100	10～20	－	100～200
	鱗状黒鉛100	10～20	塩化アンモニウム 0.5	100～200

要点 ノート

塗型は、鋳型の表面に黒鉛粉、鉱物粉、セラミックス粉などを塗布して鋳型の保護、鋳肌の平滑化、鋳造欠陥の発生防止、型ばらし性の向上など重要な役割があります。

鋳造に使われる原材料

❶原材料の種類

第3章のアルミニウム合金鋳物や第4章のダイカストではJIS規格に規定されている組成・成分範囲に調製された地金を用いますが、鋳鉄の鋳造では、**図2-1-11**に示すような銑鉄、鋼くず、故銑、戻り材、合金鉄などを用途に応じて配合して使用します。

(1)銑　鉄：銑鉄（せんてつ）は、高炉や電気炉などで鉄鉱石を還元して作られた鉄をいいます。C量が3.3～4.3％で、Siが1.4～3.5％程度含まれています。鋳造に使う銑鉄を鋳物用銑鉄（通称、鋳物銑）といい、2000年まではJIS G 2202:1976に規定されていました。規格には3種類があり、1種はねずみ鋳鉄用、2種は可鍛鋳鉄用、3種は球状黒鉛鋳鉄用です。**表2-1-4**に旧JISの鋳物用銑鉄の規格の一部を示します。

(2)鋼くず：鋳鉄の強度を高くするため、C量を低くする必要があり、C量の低い鋼屑（はがねくず）が配合されます。鋼くずは、銑鉄に比べて安価であるため、できる限り多く使用すると経済的ですが、戻し材の量、溶解方法、目標C量で異なります。鋼は銑鉄に比較してC量が少なく、融点が高いために酸化しやすいので、薄く細いものを使うと酸化減耗するので、5～10 mm程度の鋼くずが適しています。最近は鋳鉄の黒鉛化にとって不都合なMnやCrなどの合金元素を多く含んだ鋼くずがあるので注意が必要です。

(3)故　銑：古い機械類などを解体してより分けた鋳鉄品のくずを故銑（こせん）または銑屑（せんくず）といいます。成分が明らかであれば鋳造材料として使用できます。しかし、実際には成分は不明なことが多いので、多量に配合することは避けるべきです。

(4)戻し材：自社工場で発生した、鋳造時の湯口や押湯、さらに鋳物の不良などを原材料として再溶解して使用することがあります。この原材料を戻し材といいます。戻しくず、返り材、返しくずなどとも呼ばれます。工場にもよりますが戻し材は30％程度発生するといわれています。

(5)合金鉄：鋳鉄には主要成分としてC、Si、Mnなどが有効元素として含まれていますが、これらの成分が少ない鋼くずを使用する場合や溶解過程で成分が変化する場合には、これらの元素の不足分を補う必要があります。C量が不足する場合には、加炭剤として電極くず、ピッチコークスを加工した加炭剤などを添加します。Si量が不足する場合には、Siを50～75％含有したフェロシリコンを添加します。Mn量が不足する場合にはMnを75％含有したフェロマンガンを添加します。

図 2-1-11　鋳鉄鋳物の原材料

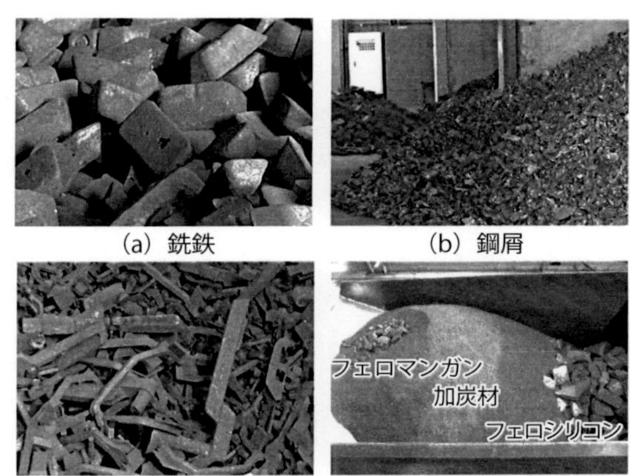

(a) 銑鉄　(b) 鋼屑

(c) 戻し材　(d) 合金鉄・加炭材

（写真提供：日本鋳造工学会）

表 2-1-4　旧 JIS G 2202:1976 の鋳物用銑鉄の規格（抜粋）〔単位:%〕

種類		C	Si	Mn	P	S	Cr
1号	A	3.40≦	1.4～1.80	0.3～0.9	0.30≧	0.05≧	－
	B	3.40≦	1.81～2.20	0.3～0.9	0.30≧	0.05≧	－
	C	3.30≦	2.21～2.60	0.3～0.9	0.30≧	0.05≧	－
	D	3.30≦	2.61～3.50	0.3～0.9	0.30≧	0.05≧	－
2号		3.30<	1.4～3.5	0.3～1.0	0.45≧	0.08≧	－
1号	A	3.40≦	1.0≧	0.40≧	0.10≧	0.04≧	0.030≧
	B	3.40≦	1.01～1.40	0.40≧	0.10≧	0.04≧	0.030≧
	C	3.40≦	1.41～1.80	0.40≧	0.10≧	0.04≧	0.030≧
	D	3.40≦	1.81～3.50	0.40≧	0.10≧	0.04≧	0.030≧
2号		3.40≦	3.5≧	0.50≧	0.15≧	0.045≧	0.035≧

要点 ノート

鋳鉄鋳物の原材料は銑鉄ですが、それだけでは炭素やけい素が多すぎるのでくず鉄を添加し、加炭材や合金鉄で成分調整します。また、工場で発生した戻し材や市中から回収した故銑なども原材料とします。

人力による生型の造型

❶手込めによる造型の手順

(a)造型の準備

生型ではけい砂、粘結剤、添加剤を混ぜてさらに水を加えて均一な状態にする必要があります。そこで、**図2-2-1**のような混練機を用いて砂に対して3～5％の水を加えて、5～10分程度混練します。造型には砂を保持するための鋳枠、定盤を用意します。鋳枠には、材質によって木枠や金枠があります。定盤は、型込めの基準となる平面のある台のことです。造型には、**図2-2-2**に示すような用具が用いられます。**表2-2-1**にそれぞれの使い方を示します。

(b)造型の手順

図2-2-3に上型と下型および中子を用いたときの造型の手順を示します。

(1)下型の型込め

①定盤の上に下型の鋳枠を乗せ、模型を鋳枠の中心に置き、ふるいを通した肌砂を模型の上に3cmほど降りかけ、裏砂を鋳枠内に入れ、突き棒で砂を突き固め、スタンプで全面を突き固めます。

②かき板で余分な砂を掻(か)き落として下型の上面を仕上げます。

(2)上型の型込め

③②で作った鋳型を反転させ、上型の鋳枠を下型に重ねて、上型用の模型を置いてパーティング粉を降りかけます。

④湯口棒や押湯の型を置いて、肌砂、型砂を鋳枠内に入れ、突き固めます。

⑤湯口棒や押湯の型に軽く振動をかけて抜き取り、気抜き針でガス抜け穴をつけます。上下の鋳枠に合印（合わせピンなどがあるときは不要）をつけます。上型を下型から放し、別の定盤の上に置き、湯道とせきが模型と一緒に置かれていない場合は、へらを用いて湯道とせきをつくります。

(3)仕上げ

⑥模型の周辺に鋳物筆で“きわ水”（模型と砂が接する面に水分を与えて砂が崩れるのを防ぐ）をやり、型上げ針を模型に打ち込み根元を軽く小ハンマで前後左右に軽く叩いて隙間をつくり、模型を抜き取ります。中子がある場合は鋳型内に置き、合印に注意しながら上型と下型を合わせます。

図 2-2-1 混練機の例

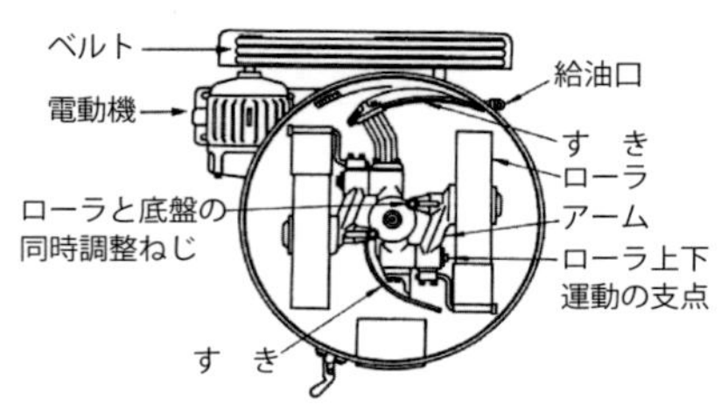

図 2-2-2 造型に使う用具類

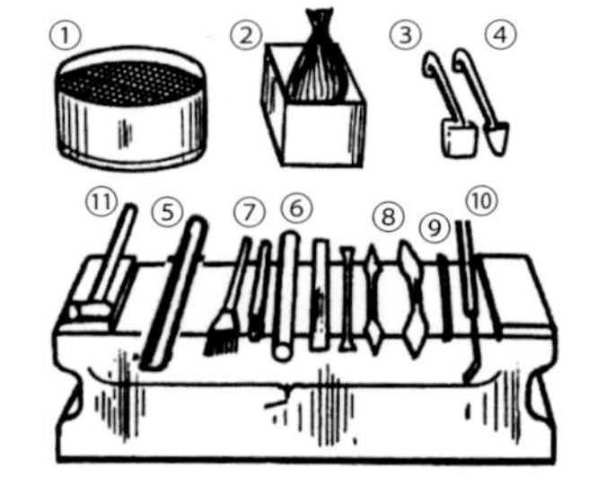

表 2-2-1 造型に使う用具の使い方

	名称	使い方
①	ふるい	肌砂をふるう
②	パーティング粉	模型を抜きやすくする
③	突き棒	鋳枠に入れた砂を細部まで突き固める
④	スタンプ	全体を平均に突き固める
⑤	かき板	鋳型の上の余分な砂を平らに掻きならす
⑥	湯口棒	鋳型に溶湯を鋳込むときの注入口をつくる
⑦	鋳物筆	塗型や鋳型に水をつける
⑧	へら・こて	鋳型の修正
⑨	気抜き針	ガス抜き穴をあける
⑩	型上げ針	模型を抜く
⑪	小ハンマ	模型を緩める

図 2-2-3 上型と下型および中子を用いたときの造型の手順

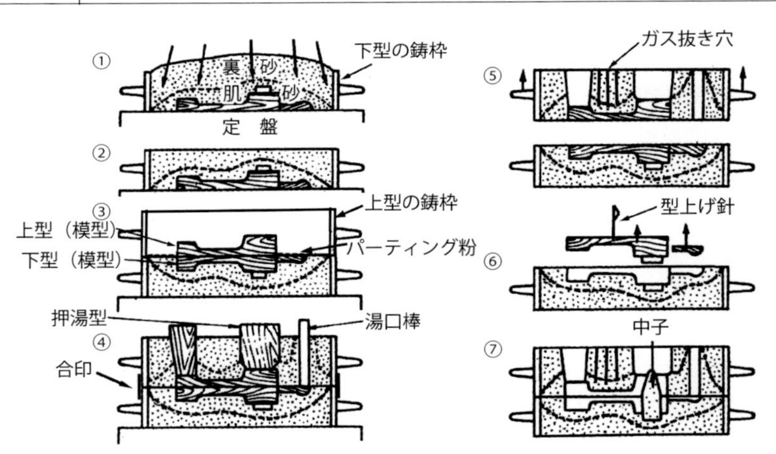

（出典：「鋳物の現場技術」日刊工業新聞社）

要点 ノート

手作業で行う生型の造型の工程を手込め造型といい、さまざまな形容や大きさの鋳物の少量生産に適しています。しかし、造型には熟練を要することや作業時間が長いことが欠点です。

機械による造型

❶機械込め造型

同一鋳物を大量に作るためには機械を用いて造型します。これを機械込めといいます。機械込めには、模型、湯口、湯道、せき、押湯などを定盤に取り付けた定盤付き模型が用いられ、1枚の定盤に取り付けたマッチプレートや上型用と下型用の定盤に分割して取り付けたパターンプレートなどがあります。

造型機の主な機能は、ジョルト（急激な振動）、スクイズ（圧縮）、パターンドロー（型抜き）、バイブレーション（振動）です。なお、現在ではこれらの一連の動作を自動的に行うようにした自動造型機が普及しています。

ジョルトは、**図2-2-4**に示すように、圧縮空気をジョルトピストンの下面に入れて吸ったり吐き出したりすることによってテーブルを激しく上下振動させ砂を詰め込みます。スクイズは、**図2-2-5**に示すようにスクイズピストンの下面に圧縮空気を送り、テーブルをスクイズベッドに押し上げるテーブル上の砂を締め付けます。

❷機械込め造型機

機械込めに使用する機械を造型機といい、使用する動力によって圧縮空気式、油圧式、機械式などがあり、**表2-2-2**のような種類があります。

図2-2-6にジョルトスクイズ造型の手順を示します。

①マッチプレートにバイブレータを取り付け、上枠と下枠の間に挟み、下型を上にして操作盤（テーブル）上に置きます。下枠内に砂を充填し、ジョルトを行います。

②砂込めをした下枠の上に、下定盤をのせて鋳枠全体を反転します。

③上枠に湯口棒を立てて、砂を充填し、上定盤を乗せます。スクイズヘッドを鋳枠に合わせた後、テーブルを上昇させて鋳枠全体を押し上げて型砂を圧縮します。圧縮が完了したらスクイズヘッドを移動させて、上定盤を外し、湯口棒を抜きます。

④バイブレータによりマッチプレートを振動させながら上枠を抜き、別の台に置き、さらに下枠からマッチプレートを抜き取ります。

⑤中子がある場合には下型に置きます。さらに上枠を下枠の上にかぶせます。

⑥抜き枠の掛け金を外して、枠を砂から取り外して造型が完了します。

図 2-2-4 ジョルト機構

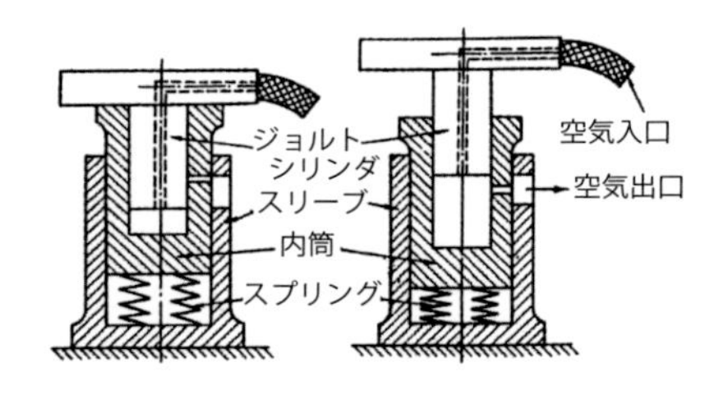

図 2-2-5 スクイズ機構

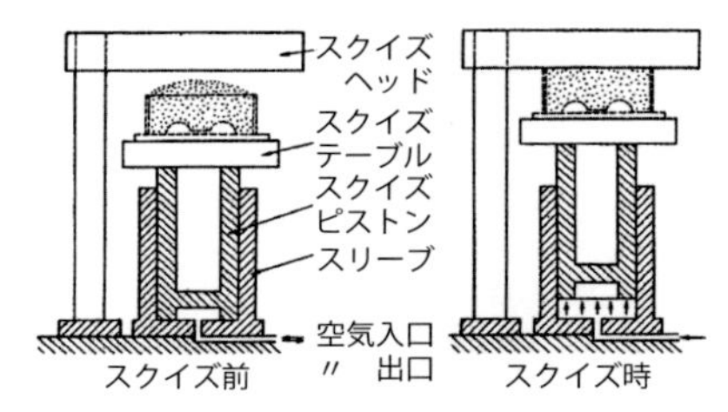

表 2-2-2 機械込めに用いる造型機の例

造型方式	造型方法	特　徴
ジョルト	砂を詰めた型枠に上下の振動を加えて砂を締めて固める	下層に近いほど強く締め固められるので鋳枠の深い場合に適する
スクイズ	鋳枠内に充填して砂を上下、または左右から機械的な力を加えることで圧縮して砂を固める	枠の浅い簡単な型の造型には適するが、砂が一様にしまらないので複雑な枠の深いものには適さない
ジョルトスクイズ	鋳枠内に自由落下で砂を充填し、ジョルト（衝撃加圧）およびスクイズ（静的加圧）を行うことで砂を固める	下型をジョルト、上型をスクイズにより上下型を1台の機械で型込めできる
ブロースクイズ	鋳枠の中に空気とともに砂を吹き込んだ後にスクイズして砂を固める	砂のつまりが良く、精度の高い鋳物が得られる
静圧	鋳枠内に自然落下で砂を入れ、枠上部をふさいで密閉状態にして圧縮空気を砂上部に導いて砂を固める	騒音が低く、型の締まりもよい鋳型が得られる

図 2-2-6 ジョルトスクイズ造型の手順

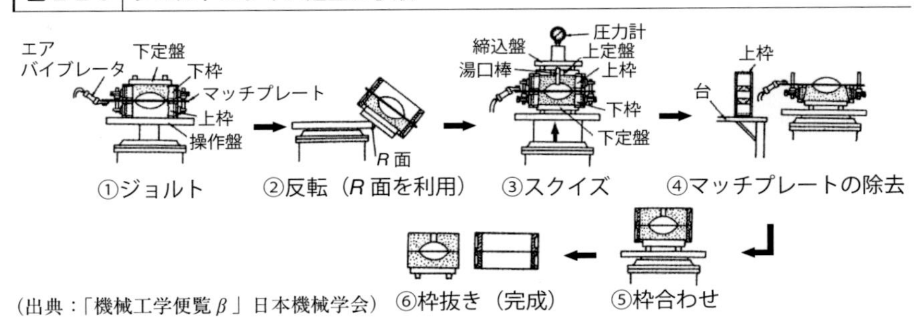

（出典：「機械工学便覧 β」日本機械学会）

要点 ノート

機械による造型には、マッチプレートと呼ばれる模型や方案部が定盤に取り付けられた定盤付き模型が使用され、ジョルト（急激な振動）やスクイズ（圧縮）により砂を鋳枠に込めます。

その他の鋳型の造型

❶自硬性鋳型

自硬性鋳型は、砂に特殊な粘結剤と硬化剤を混ぜて、造型後に外部からの加熱や触媒ガスの通気などを行わず常温に放置して硬化させる鋳型のことです。粘結剤の種類としては、無機系（水ガラス、セメントなど）、および有機系（フェノール、フラン、ポリオールなど）があり、硬化機構はそれぞれ異なります。

有機粘結剤には、フェノール、フラン、ウレタン系樹脂が用いられますが、もっとも使用されているのがフラン樹脂です。

フラン自硬性鋳型は、混練砂の流動性が良く型込めが容易、抜型時間の設定自由度が高い、鋳型の大きさ・形状の適用範囲が広い、寸法精度・鋳肌が良いといった特徴があります。

フラン樹脂は、樹脂の種類や成分は用途によって**表2-2-3**に示すようなものがあります。

砂の混練は、サンドミルを用いて2～3分程度行います。混練砂は、けい砂の温度や雰囲気の温度・湿度によって、混練後の使用時間に制限があります。けい砂の温度が低いと硬化反応が遅く、温度が高いと硬化反応が速くなるので、砂の温度は15～24℃に管理します。造型方法は、基本的に生砂型と同様です。

❷ガス硬化性鋳型

ガス硬化鋳型は、水をまったく使用しない方法で、けい砂に3～6％の粘結剤を混練してこれを型枠に充填した後に反応性の気体を通気させることにより、化学反応で粘結剤を硬化させて作ります。

代表的なものに炭酸ガス法があります。これは、けい砂にけい酸ソーダ（水ガラス）を添加して造型し、炭酸ガス（CO_2）を通過させることで鋳型を硬化させる方法です。特徴としては、鋳型が含有する水分は分解水だけなので非常に少ない、硬化後に抜型できるので寸法精度が高く生産性が良い、鋳型自体に吸湿性があるので長時間放置すると強さが低下する、使用後の砂はリサイクルできない、などです。

砂の混練は、以下のとおりです。けい砂にけい酸ソーダを4～6％添加してサンドミルで混合します。けい酸ソーダは、SiO_2とNa_2Oが、モル比で2以上で遊離水分が少なく、粘度の低いものが良いとされます。混練時間は5分以下とし、混練後は大気と遮断できる容器で保管します。砂ばらしを容易にするために、0.5～1.0％のピッチ粉や0.5～1.0％の木炭などを添加すると良いとされます。

手込めによる造型方法は、**図2-2-7**に示すとおりです。基本的には生型の造型方法と同じですが、砂の充填・突き固めが終わったら、CO_2ガスを鋳型内に導入するためのガス穴を開け、ガスを通気します。

表2-2-3 フラン樹脂の組成

	尿素フラン樹脂			フェノールフラン樹脂
フルフリルアルコール分	←90％→	←80％→	←60％→	←70％→
尿素樹脂分	←10％→	←20％→	←40％→	←0％→
窒素分	1～2％	3～4％	6～8％	0％
主用途	鋳鋼・鋳鉄用	鋳鉄用	鋳鉄用	鋳鋼用

図2-2-7 CO_2ガス硬化性鋳型の造型

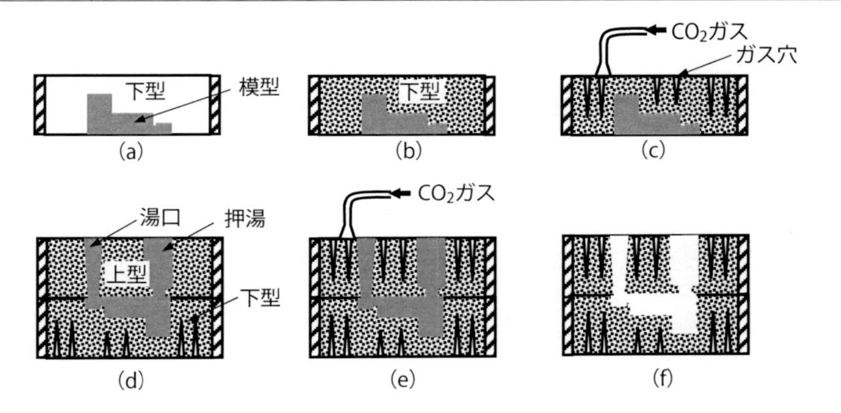

要点 ノート

砂型鋳造には、生型以外にも自硬性鋳型やガス硬化性鋳型、などがあります。自硬性鋳型の造型方法は基本的には生砂型と同様ですが、鋳型の強度を上げるためにさまざまな化学反応を利用します。

中子の造型

❶中子とは

中子は、**図2-2-8**に示すように鋳物の内部に中空部を形成するための鋳型のことで、主型とは別に作り、主型の中にはめ込みます。中子を支持するために中子の端を伸ばした部分を幅木（はばき）といいます。主型の模型にも幅木分と同じ形状の突起部が作られます。

幅木をつけられない場合には、**図2-2-9**に示すようなケレン（型持ち）が使われます。ケレンは、鋳造材料と同様な材質で作られ、鉄系の鋳物ではすずめっきした鋼製のケレンが用いられます。

❷中子の造型

中子には、鋳造時の熱と圧力に耐えられること、ガス発生が少ないこと、鋳造後の崩壊性がよいこと、砂の再生ができることなどが要求されます。

表2-2-4に現在使用されている主な中子造型法を示します。もっとも多く使用される方法がシェルモールド法です。

❸シェルモールド法

シェルモールドの型砂には、**図2-2-10**に示すような細かいけい砂に熱硬化性樹脂（フェノールレジン）の粉末を約3%混ぜたレジンコーテッドサンド（RCS）使用します。**図2-2-11**に主型を作る場合のシェルモールドの造型方法を示します。シェルモールドは、240～280℃に加熱した金型にRCSを充填して作ります。鋳型の厚みが、5～10 mm程度になると排砂して取り出します。このとき鋳型の形状が貝殻状になるのでシェルモールドといいます。小物や薄肉の中子は排砂せずに使用します。

模型は、鋳型製作のときに加熱する必要があるので、アルミニウム合金、銅合金、鋳鉄などの金属で作り湯口などを取り付けた定盤型を用います。

❹コールドボックス法

コールドボックス法は、フェノール樹脂とポリイソシアネートを配合したけい砂にガス（トリエチルアミン）をとおしてウレタン樹脂を形成して硬化させるガス硬化造型法の一種です。中子作製工程に模型を加熱しないのでコールドボックス法と呼ばれます。

図 2-2-8 中子

完成品
下型
鋳物砂
下枠
定盤
模型
完成型
湯口
中子
上型
上枠
下型
下枠
幅木
幅木
この部分で中子を固定する

図 2-2-9 ケレン

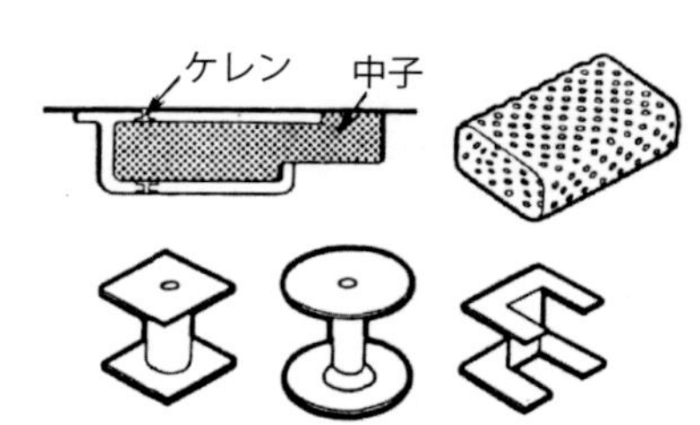

図 2-2-10 レジンコーテットサンド（RCS）

表 2-2-4 主な中子造型法

造型法	シェルモールド法	コールドボックス法
バインダ	フェノール樹脂	フェノール樹脂 イソシアネート樹脂
混錬砂の状態	乾態	湿態
混錬砂の流動性	良好	やや悪い
可使時間	ほぼ無限	数時間
造型温度	250～350 ℃	常温
造型サイクル	60～120秒	40～90秒
造型時発生臭気成分	フェノール	アミン
	ホルムアルデヒド	溶剤
	アンモニア	
鋳型保存性	良好	劣る
熱間強度	強い	劣る
砂の選択性	融通できる	限定される

図 2-2-11 シェルモールドの造型方法

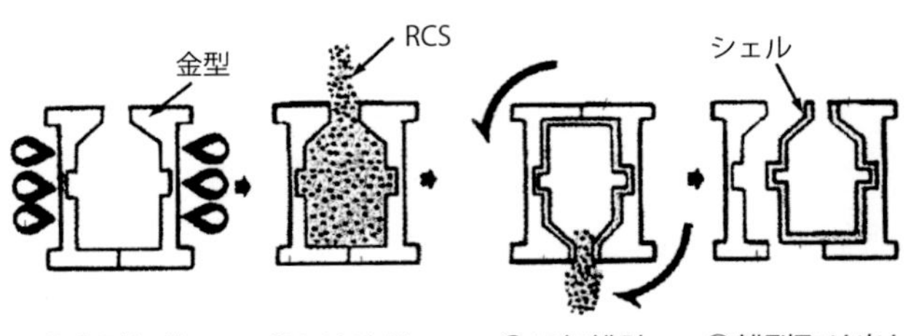

要点 ノート

鋳物の中空部を形成する鋳型を中子といいます。中子には強度が必要なので、フェノールレジンなどの樹脂でコーティングした砂を加熱またはガスをとおして硬化させる方法が用いられます。

合金元素の影響と原材料の配合

❶鋳鉄の合金元素

Fe-C系状態図には、**図2-3-1**の実線で書かれたFe-Fe_3C系と破線で書かれたFe-G系があります。前者はγFe（オーステナイト）とFe_3C（セメンタイト）系で、後者はγFeと黒鉛（G：Graphite）系です。4.26 %Cの溶湯を徐冷すると1152 ℃でγFeと黒鉛が晶出しますが、共晶線の破線と実線の温度差は7 ℃程度なので、冷却速度が速いと黒鉛の代わりにFe_3Cが出ます。Siが添加されると**図2-3-2**のように温度差が広がるので黒鉛が出やすくなります。また、鉄-黒鉛の共晶点はSiを添加すると1 %添加につきC量にして1/3 %ずつ左にずれます。この値と実際のC量との比を炭素飽和度（S_C）といい、式（*2.3.1*）で表わされます。

$$S_C = \frac{\%C}{4.26 - (\%Si/3)} \qquad (2.3.1)$$

実際の炭素濃度と1/3 %Siの和を炭素当量CEとして式（*2.3.2*）で表します。

$$CE = \%C + (\%Si/3) \qquad (2.3.2)$$

❷原材料の配合

鋳鉄は、FeのほかにC、Si、Mn、P、Sが含まれまれており、これらを目標組成に調製します。鋳鉄の原材料は、銑鉄、鋼くず、戻り材、合金鉄などを配合して溶解します。高周波誘導炉で溶解する場合の配合例を以下に示します。

(i)目標組成を決める：目標組成を3.4 %C、2.3 %Si、0.65 %Mn、0.3 %P、0.03 %Sとし炭素飽和度S_Cを1.0、炭素当量CE値を4.2とします。

(ii)原材料の混合率を決める：**表2-3-1**の組成の原材料を用いて、銑鉄、戻り材、鋼くずの割合を2：1：1で配合するとします。

(iii)溶解量を決める：必要とする溶湯量を溶解炉の能力を勘案して決めます。ここでは80 kg溶解するとします。

(iv)原材料の各成分の量を計算する：加炭材や合金鉄を除いた原材料の各成分の合計と割合〔%〕を**表2-3-2**のように計算します。

(v)過不足を補う：過不足分を計算し、加炭材や合金鉄の添加量を決めます。この際に、歩留りも考慮します。Siは溶解時に70～75 %が酸化消耗します。

図 2-3-1 鉄 - 炭素系二元平衡状態図

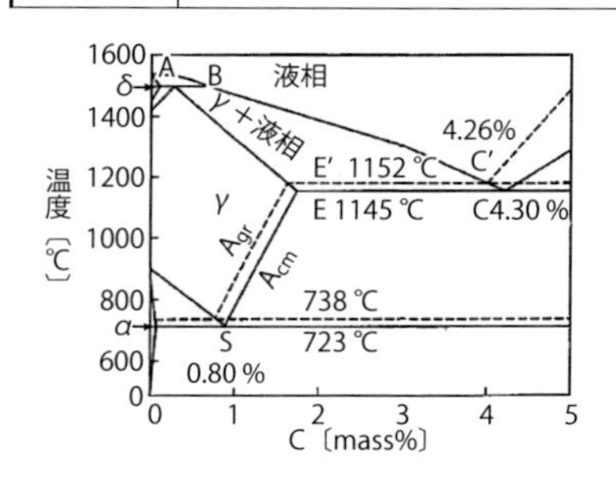

2-3-2 共晶温度に及ぼす Si の影響

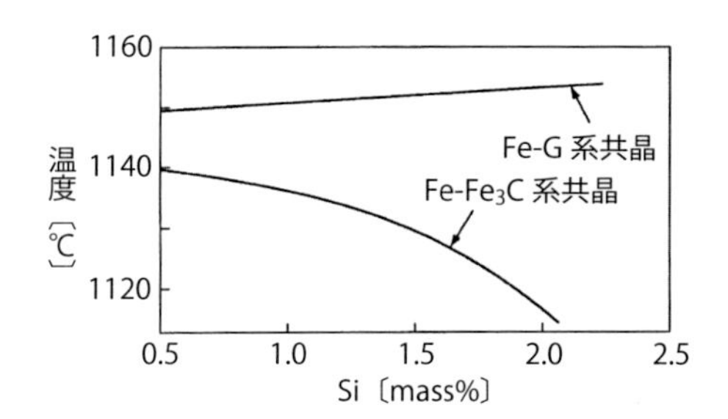

表 2-3-1 原材料の成分〔%〕

成　分	C	Si	Mn	P	S
銑鉄	3.5	2.4	0.6	0.44	0.05
戻り材	3.30	2.20	0.70	0.41	0.04
鋼くず	0.20	0.20	0.50	0.07	0.02
加炭材	100	—	—	—	—
フェロシリコン	—	75.0	—	—	—
フェロマンガン	—	—	75.0	—	—

表 2-3-2 原材料配合計算の例

		歩留まり	C	Si	Mn	P	S
目標組成	〔%〕		3.4	2.3	0.65	0.3	0.03
銑鉄	〔40 kg〕		40 × 0.035 ＝ 1.40	40 × 0.024 ＝ 0.96	40 × 0.06 ＝ 0.24	40 × 0.005 ＝ 0.02	40 × 0.0005 ＝ 0.02
戻り材	〔20 kg〕		20 × 0.033 ＝ 0.66	20 × 0.024 ＝ 0.48	20 × 0.007 ＝ 0.14	20 × 0.005 ＝ 0.01	20 × 0.0004 ＝ 0.008
鋼くず	〔20 kg〕		20 × 0.002 ＝ 0.04	20 × 0.002 ＝ 0.04	20 × 0.005 ＝ 0.10	20 × 0.0005 0.01	20 × 0.003 0.006
合計	〔kg〕		2.1	1.48	0.48	0.272	0.032
	〔%〕		2.63	1.85	0.6	0.34	0.04
過不足	〔kg〕		0.62	0.36	0.05	0.008	0.008
	〔%〕		0.77	0.45	0.04	0.01	0.01
加炭材（100 %C）	〔kg〕	100 %	0.65	—	—	—	—
フェロシリコン (75 %Si)	〔kg〕	95 %	—	0.7	—	—	—
フェロマンガン (75 %Mn)	〔kg〕	95 %	—	—	0.05	—	—

要点 ノート

鋳鉄は Fe-C-Si の三元系の合金で、その組成によって大きく特性が変わります。凝固時に C が黒鉛として晶出するためには C と Si の配合比と飽和炭素濃度 S_c、炭素当量 *CE* について理解しておく必要があります。

キュポラによる鋳鉄の溶解

❶キュポラとは

キュポラは、**図2-3-3**のように耐火煉瓦（れんが）を内張りした鋼板製の筒状の炉体に、コークスをある高さまで積み（ベッドコークスといいます）、その上に銑鉄、鋼くず、戻り材などの地金とコークスを一定比率で装入し、下部の羽口から空気を送ってコークスを燃焼させ、その燃焼熱によって地金を溶解します。キュポラ溶解は、熱効率が良く、構造が簡単で設備費が安く、取り扱いも容易です。羽口は、炉の中に空気を送り込むところで、その大きさ、形状、数により炉内のコークスの燃焼状況が異なります。

風箱は、送風機から送られてきた空気を溜めて、各羽口から均等に送風するために設置されます。キュポラには、送風の空気の温度によって常温の空気を送風する冷風キュポラとキュポラの排気ガスで加熱した空気を送風する熱風キュポラがあります。大型のキュポラでは、長時間の操業ができるように炉壁を水冷します。

❷キュポラ溶解

溶解材料は、銑鉄、戻し材、鋼くずなどが用いられます。銑鉄はCもSiも高いので、強度の必要な鋳造品には20～30％の配合に留めます。鋼くずは、キュポラでは溶解中にコークスからCを吸収して2.5～2.8％のC量になります。地金類は**表2-3-3**に示すように溶解される間に成分変化するので、合金鉄などで成分調整します。

コークスは、地金類を溶解する熱源で、不純物の少ない良質なものが良く、粒径は炉径の1/6～1/10程度が良いとされます。コークスの灰分を除去し、炉内で発生した酸化物の融点を下げて流動性のよい滓（スラグ）にして排出しやすくするためにCaOを主成分とする石灰石が造滓剤（ぞうさいざい）として用いられます。

キュポラの操業は、最初にベッドコークスとして炉径の1.5～2倍の高さに充填し、ガスバーナでコークスに着火します。十分にコークスが燃焼し始めたら、地金類を投入します。1回に投入する地金類の量は、溶解能力の1/10程度にし、それに対して10～16％のコークスを一緒に装入します。挿入口直下まで地金を装入したら、15～20分保持し、出湯口を閉じて送風を開始します。

地金類は、炉の中央の溶解帯で溶解されて溶滴となって下部の高温のベッドコークス層を滴下する間に1500~1550 ℃に加熱され、最下部の出湯口から連続的に出湯します。

図 2-3-3 キュポラの構造および区分名称

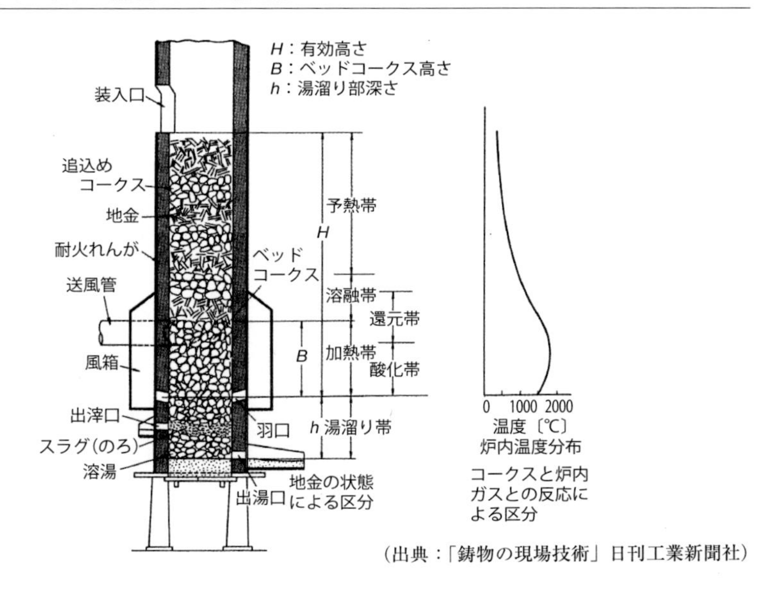

(出典：「鋳物の現場技術」日刊工業新聞社)

表 2-3-3 地金類の溶解される間の成分変化

材 種〔%〕		FC150	FC200	FC250	FC300	FC350
Cの変化	鋼材比率	0	10～25	25～40	40～60	50～75
	配合	3.7～4.0	2.8～3.3	2.2～2.8	1.4～2.2	1.2～2.0
	溶湯C	3.5～3.8	3.3～3.6	3.2～3.5	3.2～3.3	3.0～3.3
Si減耗率〔%〕		20～25	15～20	10～15	5～10	5～10
Mn減耗率〔%〕		25～30	25～30	25～30	25～30	25～30
S増加量〔%〕		0.01～0.03	0.02～0.03	0.03～0.05	0.04～0.06	0.04～0.06
出湯温度〔℃〕		1440～1470	1460～1490	1480～1520	1510～1540	1520～1550
コークス比〔%〕		9～11	10～13	12～15	14～17	15～18

(出典：「キュポラハンドブック」丸善)

要点 ノート

鋳鉄の溶解には古くからキュポラが使用されています。キュポラは構造が簡単で操作もしやすい特徴がありますが、溶解中にC量が増加したり、SiやMnなどが減耗したりするので成分管理に注意が必要です。

誘導炉による鋳鉄の溶解

❶誘導炉の原理

電気を使う溶解炉には、アーク炉、誘導炉などがありますが、よく使用されているのが誘導炉です。**図2-3-4**に誘導加熱の原理を示します。

加熱したい金属の周囲にコイルを置いて交流電流を流すと磁力線が発生し、金属には磁力線に誘導（電磁誘導）されて渦電流が流れ、金属の電気抵抗によって式（*2.3.3*）のジュール熱が発生します。

$$P = I^2 \cdot R \qquad (2.3.3)$$

ここで、P：ジュール熱、I：渦電流、R：金属の抵抗。この誘導加熱を利用した炉が誘導炉です。誘導炉には、使用する電気の周波数により低周波誘導炉（50～60 Hz）と高周波誘導炉（150～3000 Hz）があります。

❷低周波誘導炉

低周波誘導炉には、るつぼ型低周波誘導炉と溝型低周波誘導炉があります。

⑴るつぼ型低周波誘導炉：るつぼ型低周波誘導炉は、**図2-3-5**のように耐火物ライニング材でできたるつぼの外側に銅パイプを巻いてコイルを作り、50～60 Hzの交流電流を流してるつぼ内の地金に渦電流を発生させて加熱・溶解する方式です。小塊では電力を吸収しにくいため、スターティングブロックという大塊を用います。通常は溶解した溶湯をある程度、炉内に残して地金を追加装入する残湯溶解が行われます。撹拌力が強く、成分や温度の調製、均一化がしやすい利点があります。

⑵溝型低周波誘導炉：**図2-3-6**に溝型低周波誘導炉を示します。炉体の一部に、インダクタと呼ばれる誘導電流で加熱する発熱体を取り付けた炉です。溝部のみでの加熱のため、冷材からの溶解が不可能で、溶湯を保温しておく前炉として使用されます。

❸高周波誘導溶解

高周波誘導電気炉は、炉の構造面ではるつぼ型低周波誘導炉と同様ですが、150～3000 Hzの高周波を用います。小さな地金類でも溶解ができ、スターティングブロックは不要です。熱効率が良いので、溶解速度が速く連続的に溶解するのに適しています。以下に、高周波誘導炉での溶解作業の例を説明します。

(1)材料装入：炉内に地金、鋼くず、戻り材などを装入します（**図2-3-7**(a)）。誘導コイル内には冷却用の水を循環しています。

(2)溶解開始：耐火材の表面には微細なクラックが発生しているので、加熱は20～30分かけて低電力で耐火物の温度を徐々に上げて、クラックを閉じる必要があります。

(3)溶解中：溶解中には、装入地金類が途中で引っ掛かって炉底のみ溶解する棚つり現象（図2-3-7(b)）に注意しながら溶解し、十分に乾燥させた冷材を投入します。

(4)成分調整：装入した地金類が溶け落ちたら（図2-3-7(c)）合金鉄を投入し、C量調整のための加炭材を添加します。加炭材は1/2ほどを溶け始めに添加し、残りを溶け落ちた後に添加します。

図 2-3-4　誘導加熱の原理

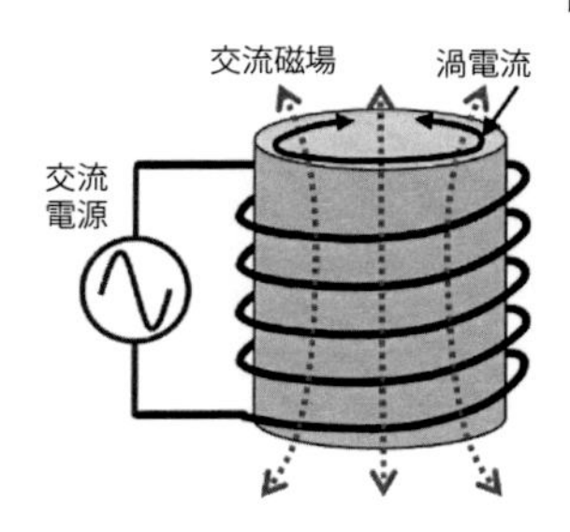

図 2-3-5　るつぼ型低周波誘導炉

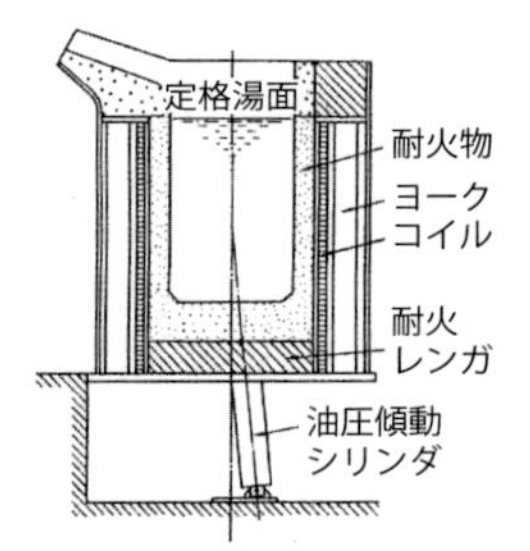

図 2-3-6　溝型低周波誘導炉

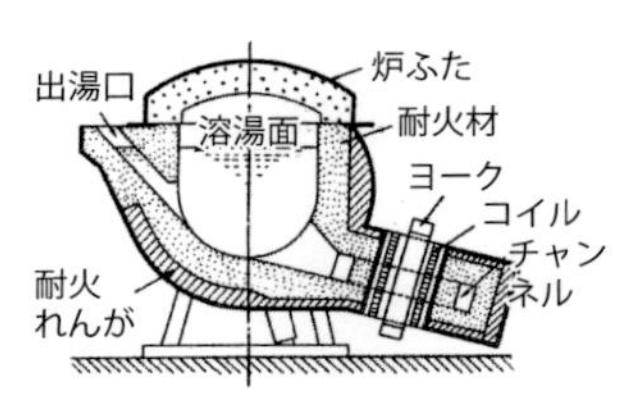

図 2-3-7　高周波誘導炉での溶解例

(a) 溶解材料装入

(b) 棚つり発生

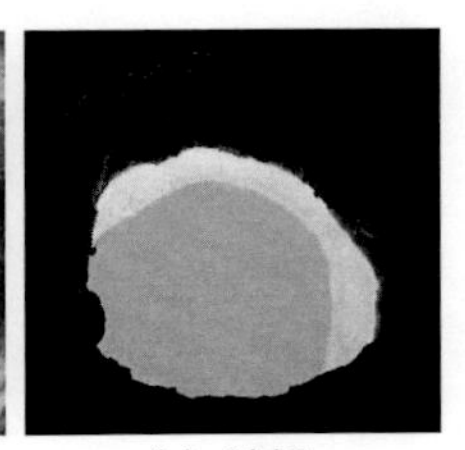

(c) 溶解

要点 ノート

電気炉での溶解には電気抵抗炉、アーク炉、誘導炉などが用いられますが、多くは低周波あるいは高周波誘導加熱方式のるつぼ型誘導炉が用いられます。成分や温度の調整がしやすく、急速溶解が可能です。

炉前検査とその方法

❶熱分析

鋳鉄の冷却曲線の模式図を**図2-3-8**に示します。溶湯温度が低下して液相線温度（T_L）になると初晶γFeが晶出し、凝固潜熱の放出により冷却曲線がなだらかになります。さらに冷却されると共晶温度（T_E）より僅かに低い温度まで低下します。これを過冷却といいます。その後、再び温度が上昇して共晶凝固が起こります。共晶凝固が終了すると温度が低下します。このT_LとT_Eを測定することでさまざまなことが判定できます。

たとえば、初晶温度が測定されるとあらかじめ作成された初晶温度とCE値との検量線（**図2-3-9**）からCE値が求まります。

初晶温度と共晶温度が測定されると、C量、Si量が求まります。初晶温度は式（*2.3.4*）で、共晶温度は式（*2.3.5*）で表されます。A、A'、B、B'、C、C'は定数。

$$T_L = A + B_C + C_{Si} \tag{2.3.4}$$

$$T_E = A' + B_C' + C_{Si}' \tag{2.3.5}$$

両式を連立して、C量について解くと式（*2.3.6*）になります。

$$\%C = \frac{CA' - C'A + C'T_L - CT_E}{C'B - CB'} \tag{2.3.6}$$

定数を事前に求めておけば、C、Siの量を求めることができます。通常、冷却速度を一定にするために、熱電対を設置したシェルカップに溶湯を鋳込んで分析します。

❷チル試験

鋳鉄は、C量、Si量が少なかったり冷却速度が大きかったりすると黒鉛が生成せずにセメンタイト（Fe_3C）が発生し、これをチルといいます。この現象を利用して、CE値の判定を行うのがチル試験です。チル試験には、板チル試験法とくさび型試験法があります。大きさにより5種類あり、前者はC1～C5、後者はW1～W5まであります。チル試験片は、シェル型あるいはCO_2型に鋳込んで作ります。

図2-3-10に両試験片の形状と破面の例を示します。板チル試験片は、鋳型

の下部に鋼製の冷やし板を設置して底面を急冷します。くさび型試験片は、テーパの付いた形状で先端に行くほど冷却速度が大きくなります。鋳込んだ試験片は、中央部をハンマで破断してチルの深さを測定します。破面の白い部分がチルで、C3サイズの板チルで深さが5 mmであればC3-5と表し、W3サイズのくさび型で幅が7 mmであればW3-7と表します。

2-3-8 冷却曲線の模式図

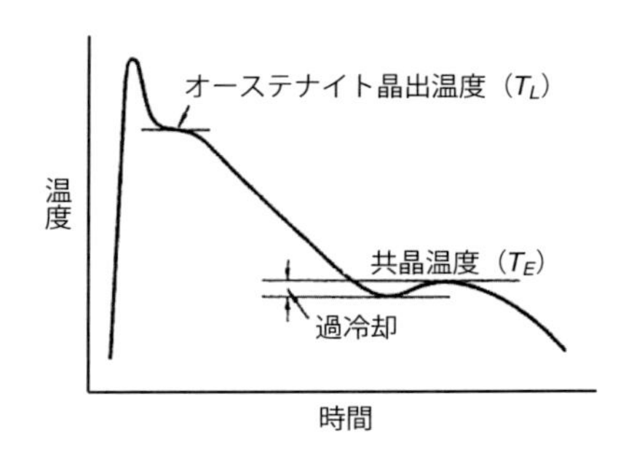

2-3-9 初晶温度と CE 値との検量線の例

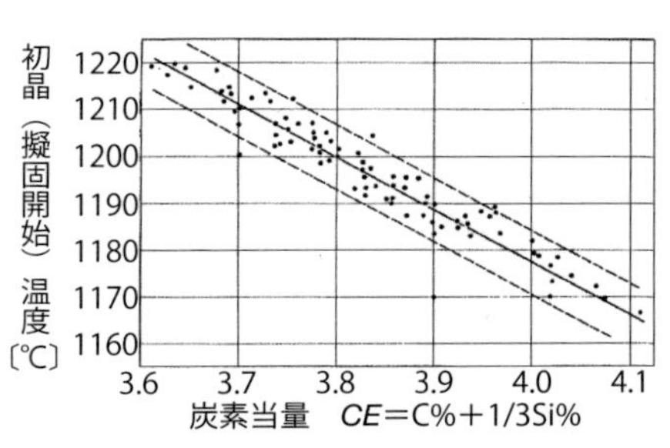

（出典：「鋳物の現場技術」日刊工業新聞社）

図 2-3-10 両試験片の形状と破面の例

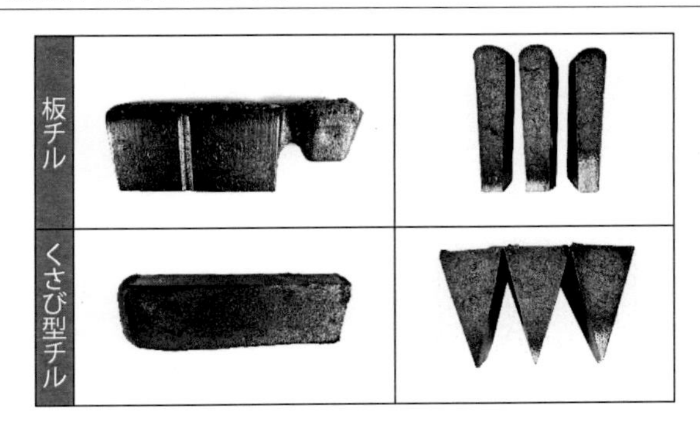

要点 ノート

鋳鉄の溶解が完了すると、鋳型に鋳込む前にさまざまな検査を行い、溶湯温度、化学成分などが鋳造してもよい溶湯であるかを評価します。現場で行う検査を炉前検査といい、迅速かつ正確に行う必要があります。

接種の役割とその方法

❶黒鉛組織の形態

ねずみ鋳鉄は、**図2-3-11**のように片状の黒鉛が晶出した組織をしています。片状の黒鉛は、**図2-3-12**のように分類されています。A型は亜共晶組成に出やすい組織で、片状黒鉛が無秩序に生成します。B型はバラ状黒鉛といわれ、黒鉛が部分的に集まっておりやや冷却速度の大きい場合に生成します。C型は過共晶に現れ、初晶として粗大な黒鉛が生成します。D型は共晶組成に近い組成で共晶が微細になったものです。E型は亜共晶の組成に現れ、方向性のある初晶のデンドライトが生成します。ねずみ鋳鉄としてもっとも望ましい組織は、A型といわれています。

❷接種とは

鋳込む直前に、あるいは鋳込中の鋳鉄溶湯に少量の金属、または合金を添加することを接種(せっしゅ)といいます。接種により金属組織や機械的性質を向上させます。ねずみ鋳鉄では、薄肉部のチル化防止、基地組織のフェライト化の抑制、A型黒鉛の形成のために、球状黒鉛鋳鉄では黒鉛の微細化、粒数の増加、球状化率の向上、フェライト化の促進などを行います。

❸接種の機構

黒鉛は溶湯中に存在する結晶核により成長すると考えられ、核物質が溶湯中に少ないと、図2-3-8に示した過冷却が大きくなり、チル化やB型やD型の過冷黒鉛といわれる形態に変化し、フェライトが出やすくなります。しかし、核物質が溶湯中に多いと過冷却が抑えられ、黒鉛が出やすくなります。接種は、この核物質を溶湯中に形成するために行われます。

❹接種剤の種類

接種剤にはフェロシリコン系、カルシウムシリコン系、黒鉛系などがあります。**表2-3-4**に接種剤の目的、種類を示します。

❺接種方法

接種方法は、**図2-3-13**に示したさまざまな方法があります。一般的には取鍋内で処理されます。接種剤や添加方法にもよりますが、10～20分で効果がなくなるフェーディングに注意します。

図 2-3-11 ねずみ鋳鉄の組織

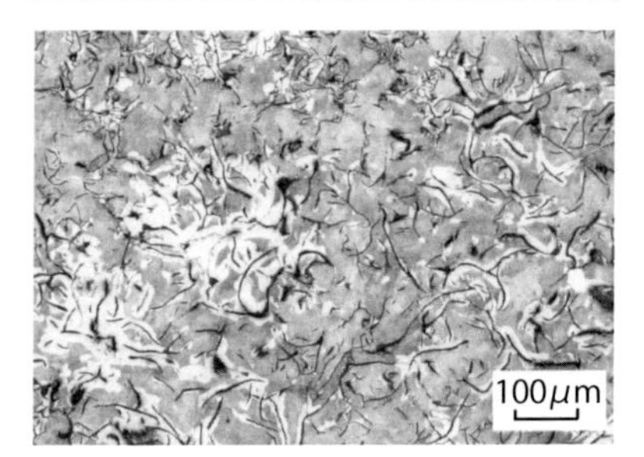

表 2-3-4 目的別の接種剤

接種の目的	接種剤および量〔%〕
薄肉部のチル化防止	Fe-SiまたはCa-Si 0.1～0.2
	Fe-Si 0.1～0.2
強度の改善	Ca-Siまたは高Al-Fe-Si 0.2～0.4
	Ca-Si 0.2～0.3
	Ca-Si 0.2～0.4
材質の均一化	Ca-Si 0.1～0.2
フェライトの析出を阻止	Si-Zr、Fe-Cr
	Ca-Si

図 2-3-12 鋳鉄の形態

A

B

C

D

E

図 2-3-13 さまざまな接種方法

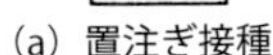
(a) 置注ぎ接種

(b) 表面添加接種

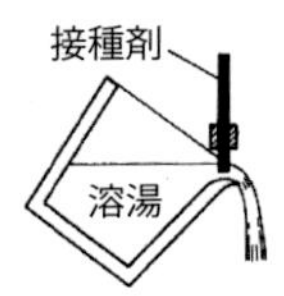

(c) ワイヤ接種

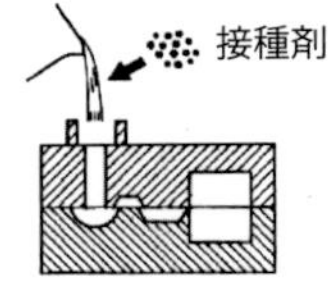

(d) 注湯流接種

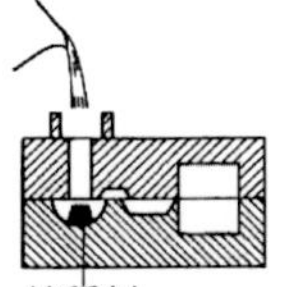

(e) 鋳型内接種

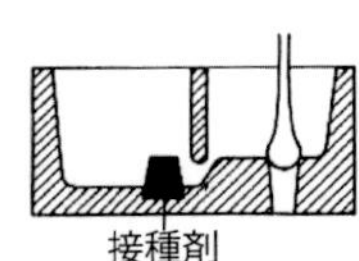

(f) 湯溜り接種

(出典：「鋳鉄の生産技術」素形材センター)

要点 ノート

黒鉛は鋳鉄溶湯中の核物質で核生成して晶出しますが、溶湯中に核物質が少ないと安定して黒鉛を晶出できません。そこで、接種によって核物質を形成して組織の改良を行います。

球状化処理の役割とその方法

❶球状黒鉛鋳鉄

ねずみ鋳鉄は、図2-3-11に示したように黒鉛が片状に生成しているので、伸びや衝撃値が非常に小さい値を取ります。これらを改善するためにMgやCeなどを添加して黒鉛を球状にしたものが球状黒鉛鋳鉄です。

図2-3-14に球状黒鉛鋳鉄の例を示します。円形の黒い黒鉛の周囲に白いフェライト領域、それらを取り囲んでパーライトが形成されています。黒鉛が球状化することで延性や靱性が高くなり、フェライトが多いと強度は低く、パーライトが多いと強度が高くなります。

❷球状黒鉛鋳鉄の球状化

球状黒鉛鋳鉄のC量は、ねずみ鋳鉄が2.8～3.5％の範囲であるのに対し、3.3～4.0％と高めです。また、硫黄（いおう）（S）は球状化を阻害するのでできる限りSを低く抑えます。

球状黒鉛鋳鉄の球状化剤には、**表2-3-5**に示すようにMg系、Ca系、Ce系などさまざまな種類がありますが、一般的にはMg系が多く使われています。

黒鉛が球状化するための鋳鉄溶湯中の残留Mg量は、S量との関係で式(*2.3.7*)を満たす必要があります。完全に球状化するには0.04％以上の残留Mgが必要といわれます。

$$\text{残留Mg\%} - \text{残留S\%} = 0.02 \sim 0.03\% \qquad (2.3.7)$$

❸球状化処理方法

Mgの沸点は1100℃と低いため、非常に激しく反応して溶湯が飛散します。**図2-3-15**に100 kg高周波溶解炉から取鍋に鋳鉄溶湯を移す際に球状化処理している状況を示します。

球状化処理方法には**図2-3-16**のような方法があります。取鍋の底にポケット部分を設けて球状化剤を置き、その上に鋼の切削くずやFe-Si合金などのカバー剤を入れて溶湯を受けるサンドイッチ法、黒鉛や鋼製の穴のあいた容器に球状化剤を入れて溶湯中に装入するプランジャ法、球状化剤を鋳型内の反応室に置いて反応させるインモールド法などがあります。

図 2-3-14 球状黒鉛鋳鉄の例

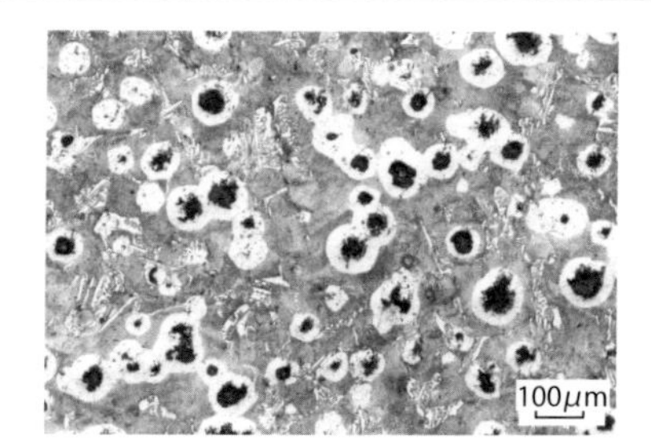

図 2-3-15 球状化処理の状況

表 2-3-5 球状黒鉛鋳鉄の球状化剤の例

添加合金の種類	添加量〔%〕	Mg歩留り〔%〕	反応の程度
純　Mg	Mgとして0.6～1.0	5～10	甚大
Cu-Mg（80:20）	0.2～0.5	10～20	小
Fe-Si-Mg（45:45:10）	0.2～0.4	10～30	小
Fe-Si-Mg（30:30:20）	0.2～0.4	10～30	小
Fe-Si-Mg（45:30:5）			極小
Ca-Si-Mg（30:55:10）	0.2～0.4	10～30	小
Ca-Si-Mg（20:45:20）	0.2～0.4	10～30	
Fe-Ca-Si（12～20）:18:（40～55）			小
ミッシュメタル			小
セリウム強化メタル			小
イットリウム・ミッシュメタル			小

図 2-3-16 球状化処理方法の例

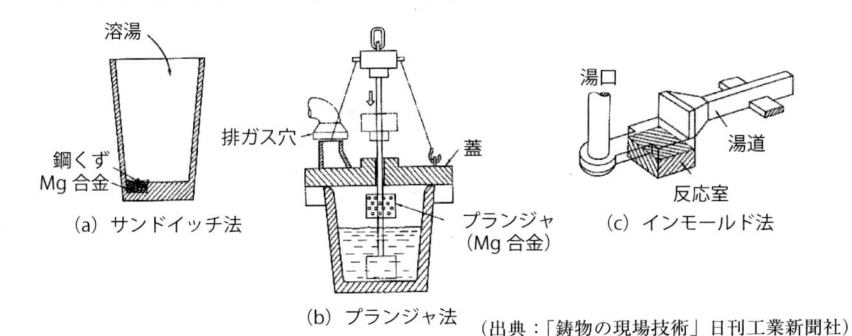

（出典：「鋳物の現場技術」日刊工業新聞社）

要点 ノート

球状黒鉛鋳鉄は、炭素を多めに含み、かつ Mg などで球状の黒鉛を生成させることで、強度、延性、靭性を向上させた鋳鉄です。

銅合金の溶解準備作業

❶銅合金鋳物

銅は、熱伝導、電気伝導、耐食性に優れ、金と並んで数少ない有色金属の1つです。銅鋳物には第1章で紹介したように大きく分けて純銅系鋳物、黄銅系鋳物、青銅系鋳物の3種類があり、JIS H 5120には約40種類の規格が規定されています。

❷銅合金鋳物用原材料

銅合金鋳物に使用される原材料には、新地金、合金地金、銅くず、銅合金くず、返り材などがあります。

新地金は、銅合金鋳物に使用される精製されたさまざまな純金属地金のことをいい、電気銅地金（JIS H 2121）、すず地金（JIS H 2108）、亜鉛地金（JIS H 2107）などがあり、これらを配合して溶解します。これを更合わせ（さらあわせ）溶解といいます。しかし、これらの新地金は、高価で、厳密な成分管理が必要なごく一部の鋳物に使用されます。

一般的には、JISで規定された合金地金が使用されます。合金地金は、鋳物用銅合金地金JIS H 2202:2009に規定されています。一部を**表2-3-6**に示します。記号は、銅合金鋳物の記号のアルファベットと数字の間に地金（Ingot）を表す「In」が挿入されています。

銅くず、および銅合金くずは、銅および銅合金リサイクル原料分類基準JIS H 2109:2006に規定されており、銅線くず、切削くず、鋳物くずなどが異物や異材に対する制限が設けられています。

返り材は、ほかの鋳造の場合と同様に自社工場で発生した湯口系、押湯、切削くずなどです。銅合金鋳物はきわめて種類が多いので、返り材の区別をしておくことが大切です。

❸溶解炉

溶解炉は、重油やガスを燃料とした燃焼炉と電気抵抗や誘導加熱を利用した電気炉に大別されます。銅合金の溶解には、多くがガス炉と誘導炉が用いられています。

図2-3-17にガス炉の例を示します。燃料としては、都市ガス、天然ガス、

プロパンガスなどが用いられ、送風機で空気とガスをバーナに供給して燃焼させます。ガスの燃焼時に水蒸気を発生するので、水蒸気分圧が高くなる問題があります。銅合金の溶解には、黒鉛るつぼが用いられます。

銅合金に用いられる誘導炉は、るつぼ型の低周波誘導炉もしくは高周波誘導炉が用いられます。低周波誘導炉は、大容量の溶解に適していますが、スターティングブロックや残湯溶解が必要になります。高周波誘導炉は、急速溶解や高温溶解が可能でスターティングブロックが不要です。

銅合金を溶解する容器は、**図2-3-18**に示すような黒鉛るつぼ、あるいは不定形耐火物が用いられます。黒鉛るつぼは、周波数によって使い分け、低周波用には粘土質るつぼを、高周波用には黒鉛るつぼを用います。不定形耐火物には高アルミナ質、ムライト質、シリカ質などを用いて湿式で施工します。

表 2-3-6　銅合金鋳物と鋳物用銅合金地金の化学組成の例

	記号	Cu	Sn	Pb	Zn	Fe	Ni	P	Al	Mn	Si	Sb
黄銅	CAC202	65.0-70.0	＜1.0	0.5-3.0	24.0-34.0	＜0.8	＜1.0	–	＜0.5	–	–	–
	CACIn202	65.0-70.0	＜1.0	0.5-3.0	残部	＜0.6	＜0.2	–	＜0.5	–	–	–
高力黄銅	CAC302	55.0-60.0	＜1.0	＜0.4	30.0-42.0	0.5-2.0	＜1.0	–	0.5-2.0	0.1-3.5	＜0.1	–
	CACIn302	55.0-60.0	＜0.1	＜0.4	残部	0.5-2.0	＜0.2	–	0.5-2.0	0.1-3.5	＜0.1	–
青銅	CAC406	83.0-87.0	4.0-6.0	4.0-6.0	4.0-6.0	＜0.3	＜1.0	＜0.05	＜0.01	–	＜0.01	＜0.2
	CACIn406	83.0-87.0	4.0-6.0	4.0-6.0	4.0-6.0	＜0.3	＜1.0	＜0.03	＜0.005	–	＜0.005	＜0.2

図 2-3-17　ガス炉の例

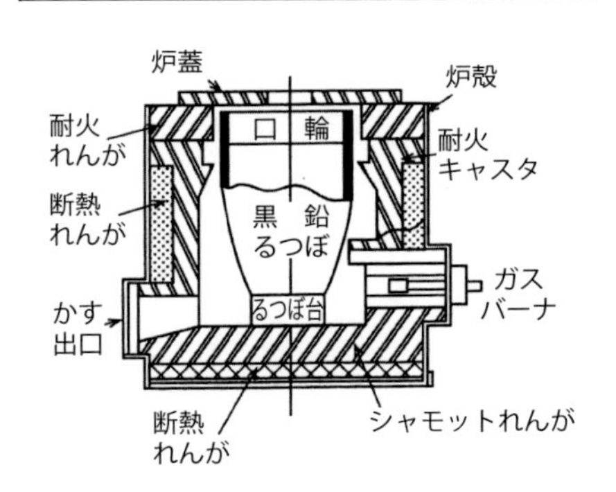

図 2-3-18　黒鉛るつぼ

（日本ルツボ㈱ HP より）

要点 ノート

銅合金鋳物は40種類程度がJISに規定され、それぞれに成分調整された地金もJISに規定されています。溶解にはガス炉、または高周波誘導炉などが使用されます。

銅合金の溶解作業

❶溶解作業

銅合金の溶解作業は、ガス吸収、酸化、蒸気圧などの諸現象が合金組成・成分によって異なるため、合金ごとに溶解方法が変わるので**表2-3-7**のようなことに留意します。特に、O、H、Sなどは銅合金溶湯に吸収され、気泡巣を発生するので注意が必要です。また、溶解原材料の投入は、炉材の破損防止のため、切粉を先に投入し、返り材、合金地金の順に行います。溶解温度は、鋳込温度に対して50～100℃高くし、過熱しすぎないようにします。

❷黄銅の溶解作業

黄銅は、酸素や水素などのガス吸収の問題はほとんどありません。酸素は、合金元素であるZnが酸化（ZnO）して浮上し、滓（スラグ）となるので、溶湯中に吸収されません。また、Hは、Znの蒸気圧が高いため、溶湯中で発生してZn蒸気の気泡内に取り込まれるため、自然に脱ガス・除去されます。

溶解温度が低すぎると脱ガスが不十分となり、鋳巣が発生します。**表2-3-8**に黄銅系合金の溶解温度と鋳込温度を示します。黄銅は、凝固温度範囲が狭く、表皮形成型の凝固形態をとるため、鋳込温度が高すぎると大きなひけ巣を発生しやすいので、脱ガス後の温度管理に注意が必要です。

❸青銅の溶解作業

青銅にも、蒸気圧の高いZnが含まれているので、溶解・昇温中に沸騰してHが除去されますが、青銅は凝固温度範囲が広く、凝固時にデンドライトの間にガスによる気泡が発生するので必要に応じて不活性ガス（N_2やAr）を溶湯中に吹き込んで、脱ガスを行います。Oは酸化物や原子状のOとして溶湯中に存在するので、P（りん）による脱酸が行われます。Pは溶湯中のOと反応して、P_2O_5（五酸化リン）や$Cu_2O \cdot P_2O_5$（複合酸化物）を形成し、前者は350℃で昇華し、後者は浮上して滓の中に入って、分離除去できます。

青銅の溶湯の健全性を炉前で検査する方法にチル試験があります。**図2-3-19**にチル試験片採取用の鋳型を示します。鋳型は砂型（CO_2型やシェル型）で、下部に鋳鉄の冷やし金を置きます。得られた試験片の中央部を破断させてその破面模様を観察します。**図2-3-20**に破面の模式図と破面例を示します。

柱状晶と青灰色部までが健全部で、それ以上は不健全部です。チル層から青灰色部までの長さで評価します。Hの吸収が多いと健全部の長さは短くなります。

表2-3-9に青銅合金系の溶解温度と鋳込温度を示します。青銅は、黄銅と異なり、凝固温度範囲がいちじるしく広く粥（かゆ）状型の凝固形態をとるため、鋳造品全体にざく巣（微細なひけ巣）が発生しやすいので注意が必要です。

表 2-3-7 銅合金の溶解の注意点

種　類	注意点
純銅	実用銅合金中でもっともHの溶解度が高い
黄銅系	合金元素のZnの蒸気圧がきわめて高い
青銅系	固液共存幅がもっとも広く、酸化やガス吸収が起こりやすい
アルミニウム青銅系	合金元素のAlの酸化がいちじるしい

表 2-3-8 黄銅系合金の溶解温度と鋳込温度

種類	溶解温度〔℃〕	鋳込温度〔℃〕
CAC201	1200	1120～1150
CAC202	1100	1000～1050
CAC203	1080	980～1030

表 2-3-9 青銅系合金の溶解温度と鋳込温度

種類	溶解温度〔℃〕	鋳込温度〔℃〕
CAC401	1180～1230	1100～1180
CAC402	1200～1250	1120～1200
CAC403		
CAC406	1180～1230	1100～1180
CAC407		
CAC408	1158～1208	1078～1158
CAC411	1231～1281	1181～1261

図 2-3-19 チル試験片採取用の鋳型

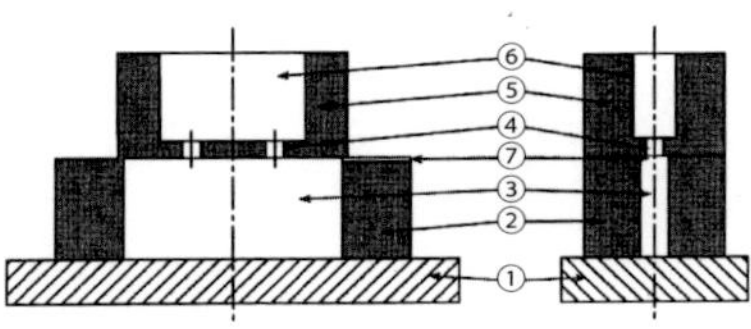

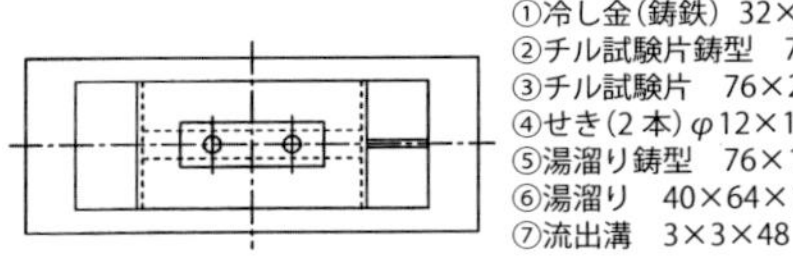

①冷し金（鋳鉄） 32×132×320〔mm〕
②チル試験片鋳型　76×132×248〔mm〕
③チル試験片　76×20×152
④せき（2本）φ12×12
⑤湯溜り鋳型　76×100×160
⑥湯溜り　40×64×100
⑦流出溝　3×3×48

（出典：「鋳物　32（1960）100」雄谷重夫他）

図 2-3-20 チル試験片破面の模式図と事例

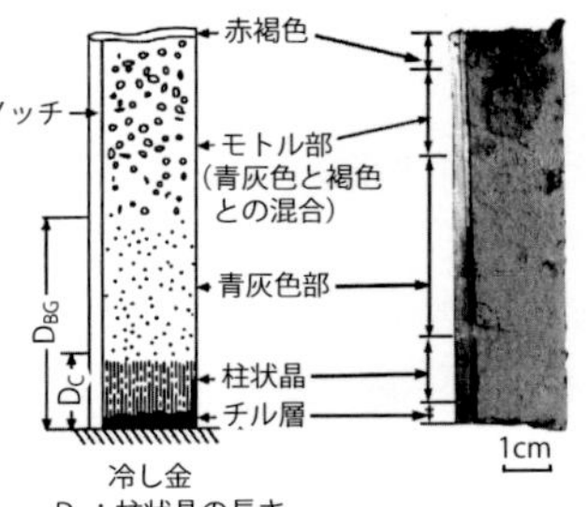

D_C：柱状晶の長さ
D_{BG}：青灰色部の長さ

（出典：「鋳物　32(1960)100」雄谷重夫他）

要点 ノート

銅合金は、水素、酸素などのガスを吸収して鋳巣などの欠陥を発生し、鋳造品の機械的性質や耐圧性を悪化させるので、溶解にあたっては、十分に注意する必要があります。

鋳込作業の留意点

❶鋳込作業とは

溶湯を鋳型に注ぎ込む作業を鋳込作業あるいは注湯作業といい、溶解炉から取鍋(とりべ)や湯汲みに溶湯を受けて、鋳型に注ぎ込みます。

鋳込みの際に、上型は湯の圧力によって浮き上がり、型合せ面から湯もれを生ずることがあるのでクランプで抑えるか錘（おもり）を乗せます。この際におもりは静かに置き、かつ局部的に重さがかからないようにします。重過ぎたり、締め過ぎると型押し、型亀裂を生じたりすることがあるので注意が必要です。上型を押し上げる力は、**図2-4-1**で示すように湯溜りの高さhに相当する圧力（$\rho \cdot h$）がパスカルの原理に従って鋳型内上面全体に作用して発生します。上型に働く力は式（*2.4.1*）で示されます。さらにおもりの最低限の重さは式（*2.4.2*）で示されます。

$$P = A \cdot \rho \cdot h \tag{2.4.1}$$

$$W_w = A \cdot \rho \cdot h - W_m \tag{2.4.2}$$

ここで、A：鋳型内上面の面積、ρ：溶湯の密度、h：鋳物上面から湯溜りまでの高さ、W_w：おもりの重さ、W_m：上型の重さ。

実際の注湯においては、中子がある場合には中子の浮力が働き、取鍋から鋳型までの高さや溶湯の流入時の流速で発生する力などが働くので、5～10倍の安全率を考慮しておもりを選定します。

溶湯を鋳込む際には、鋳込温度（注湯温度）、鋳込時間（鋳込速度）、鋳型温度を管理することが重要です。以下にこれらの留意点を示します。

❷鋳込温度

鋳込温度は、鋳物の品質に大きく影響します。鋳物の形状や大きさ、および肉厚などによって鋳込温度は異なり、一般に薄肉のものは高めに設定し、厚肉や大物の鋳物は低く設定します。**表2-4-1**に球状黒鉛鋳鉄の鋳込温度の例を示します。

鋳込温度が低すぎると凝固が速く溶湯の流動性が悪くなるので、ひけ巣、吹かれ（鋳物内部に生じる大小の気泡の穴）、湯回り不良が生じやすくなります。鋳込温度が高すぎると、収縮が大きく、ひけや割れが生じたり、砂の焼き付けによる鋳肌不良が発生したりしやすくなります。

❸鋳込時間

鋳込みは、乱れなく速やかに行うことが大切です。鋳込時間は、鋳物の形状・寸法・質量、使用する砂の種類・性質、塗型方法、溶湯の成分などによって異なります。鋳込時間の経験式として式（2.4.3）が提案されています。

$$t_p = k\sqrt{w} \qquad (2.4.3)$$

ここで、t_p：鋳込時間〔s〕、k：定数、w：鋳込溶湯質量〔kg〕。

定数kは、肉厚によって異なり、**表2-4-2**が提案されています。**図2-4-2**に鋳込時間と鋳込溶湯質量の関係を肉厚を変えて計算した例を示します。鋳込溶湯質量が大きいほど、肉厚が厚いほど鋳込時間は長くなります。鋳込溶湯質量に対して、鋳込時間がかかりすぎると湯境、チル、しぼられ、すくわれ、溶湯中への空気やスラグの巻き込み、鋳巣やのろかみなどの欠陥が発生しやすくなります。

図 2-4-1 おもりの計算

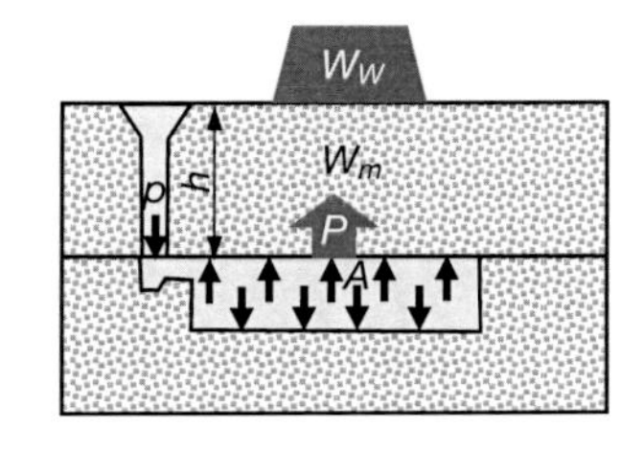

図 2-4-2 鋳物の鋳込時間と鋳込溶湯質量の関係

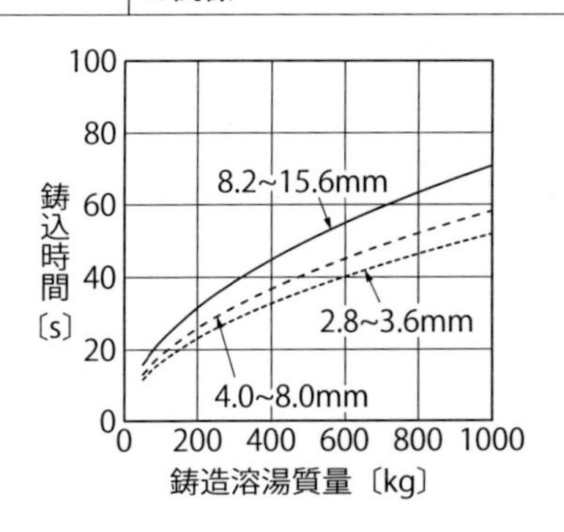

表 2-4-1 球状黒鉛鋳鉄の肉厚と鋳込温度

肉厚〔mm〕	鋳込温度〔℃〕
5～12.5	1425～1455
12.5～37.5	1400～1430
37.5～100	1370～1415

表 2-4-2 鋳鉄品の肉厚と定数 k

肉厚〔mm〕	k
2.8～3.6	1.64
4.0～8.0	1.84
8.2～15.6	2.24

要点 ノート

溶湯を鋳型に鋳込む際には、鋳型内上面に働く溶湯の圧力により上型が持ち上がらないように錘（おもり）を乗せたり、鋳込温度や鋳込時間を適正に設定したりする必要があります。

鋳込作業方法

❶鋳込作業

鋳込みに際して、取鍋（とりべ）の乾燥・予熱は十分であるか、取鍋のランニングは良いか、取鍋に入った溶湯の量は十分であるか、溶湯の溶滓（のろ）はよく除去したか、鋳込温度はよいか、取鍋の位置はよいかなどに留意します。

❷手動による注湯

50 kg以下の小物の鋳物では、**図2-4-3**に示すような柄付取鍋（湯汲み）で鋳込みを行います。容量が数百キロから十数トンまでは、**図2-4-4**に示すような傾注式の取鍋を用います。また、**図2-4-5**に示すような取鍋をモノレールにつり下げて、手動または電動によって移動させて注湯を行う方法が広く採用されています。

湯汲みや取鍋に溶湯を入れたら、湯の表面にSiO_2系の除滓材で覆い、溶湯の保温と溶滓の除去を行います。

鋳込みは「乱れなく速やかに」行うことが大切です。鋳込む際の注湯の要領として、溶湯の1/2～2/3はできるだけ速く鋳込み、溶湯を途中で切らせないようにして、残湯は静かに鋳込むようにします。

❸機械による自動注湯

取鍋傾注式自動注湯機（**図2-4-6**）は、移動可能軸が前後、左右、上下、傾動の4軸を有し、速度および位置が制御可能です。さらに造型枠移動方向に造型ラインの軸送り速度と同調して働く機能があり、造型枠送り中でも注湯動作が可能となってライン稼働率を向上させています。注湯速度は、ティーチングプレバック方式や光学的レベル制御方式により制御されています。

ストッパーノズル式自動注湯機（**図2-4-7**）は、取鍋底にストッパーノズルを設置してあるので、傾動式に比べて注湯速度の可変応答性がよいことから高速造型ラインに設備されています。

加圧式自動注湯機（**図2-4-8**）は、密閉された保持炉に空気圧を作用させて溶湯をノズルから鋳型に注湯します。圧送気圧を制御して、ノズルからの溶湯流量を制御してタイマで一定の量を注湯します。

図 2-4-3 柄付取鍋（湯汲み）による注湯作業

図 2-4-4 傾注式取鍋での注湯作業

（写真提供：日本鋳造工学会）

図 2-4-5 モノレール式注湯機

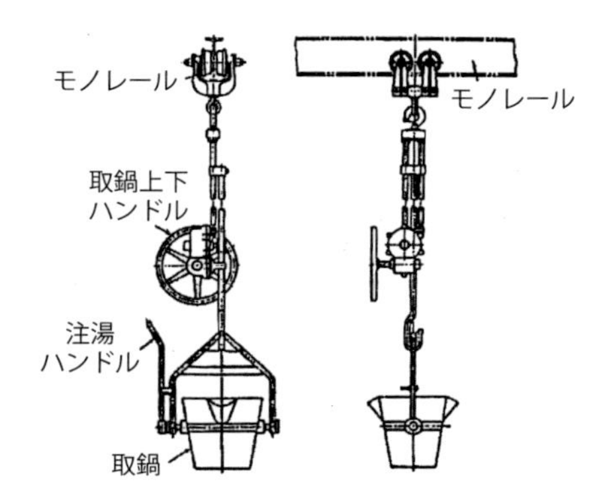

図 2-4-6 傾注式取鍋自動注湯機

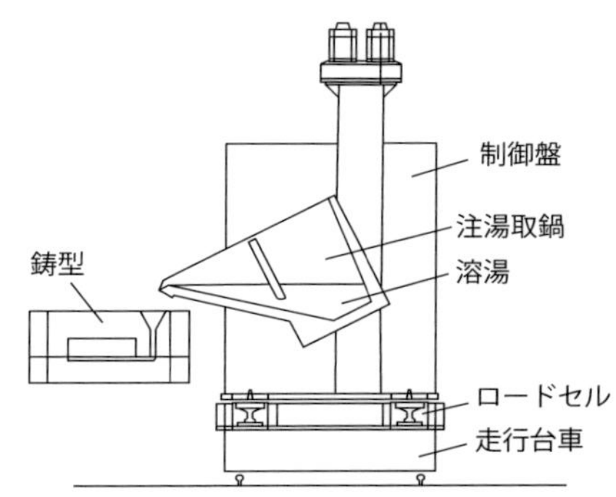

図 2-4-7 ストッパーノズル式自動注湯機

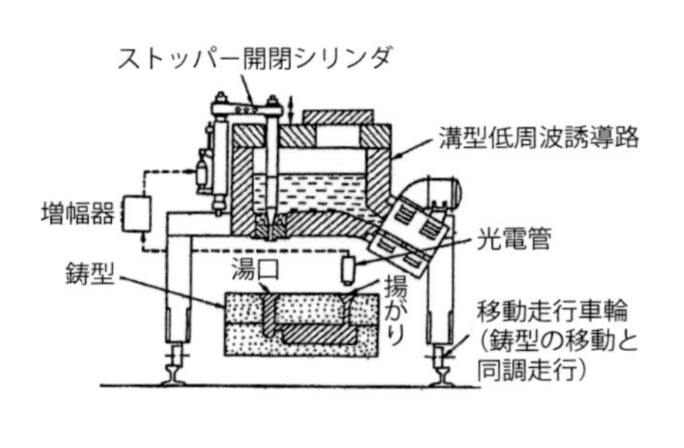

図 2-4-8 加圧式自動注湯機

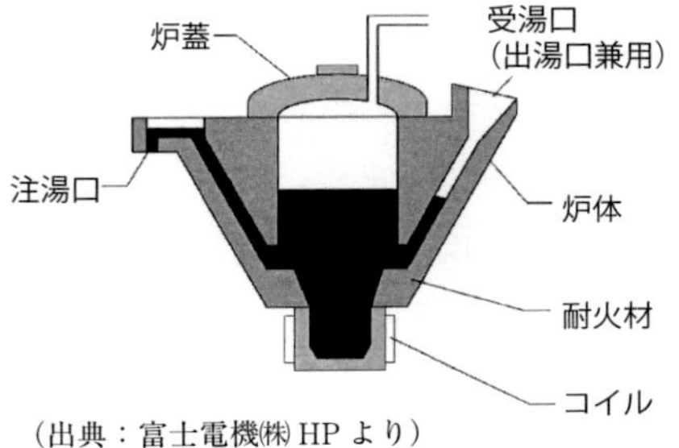

（出典：富士電機㈱ HP より）

要点 ノート

鋳込作業は、手動による注湯と機械による自動注湯があります。鋳込作業はもっとも危険な作業ですので、特に手動による作業においては十分に安全に留意する必要があります。

型ばらしと砂落としの作業

❶型ばらし

分離して鋳物を取り出し、鋳枠と型砂を分ける作業を型ばらしといいます。鋳鉄の場合、鋳込作業から型ばらしまでの時間は、鋳物の組織や硬さに影響するのでできる限り一定とします。**図2-5-1**に型ばらし方法の例を示します。

(a)はダンプ方式といい、鋳枠がない場合で直接シェイクアウトマシン上に鋳物を内蔵したまま落とします。(b)はピックアップ方式といい、上枠を外した後、下枠から鋳物をつり上げて取り出します。(c)および(d)は、パンチダウン方式、パンチアップ方式といい、上枠と下枠を合わせたまま、鋳物と鋳型をプッシャで押し出して直接シェイクアウトマシンに抜き落とすか、ベルトコンベア上に移動させて冷却後に(a)あるいは(b)で鋳物を取り出します。

型ばらしには、**図2-5-2**のようなシェイクアウトマシンや**図2-5-3**のようなクーリングドラムが用いられます。シェイクアウトマシンは、振動台上で振動を利用して鋳枠と鋳型の分離を行います。クーリングドラムは、回転ドラム内に鋳型を入れ、ドラム内の攪拌羽で持ち上げて落下させることで鋳型を崩壊させます。

❷砂落とし

型ばらしでほとんどの砂は落ちますが、鋳物の隅部や中子部分に残った砂を除去することを砂落とし作業といいます。砂落としには、ショットブラスト法が用いられます。ショットブラストは、**図2-5-4**のような装置を用いて、**図2-5-5**に示す、メディアと呼ばれる3 mm以下の鋼粒やカットワイヤなどを高速で回転するインペラで鋳物に投射して砂を落とします。メディアは硬いほど砂落とし効果が高くなりますが、一般的には40～50 HRCのものが使用されます。投射速度は50～90 m/s程度です。

自硬性鋳型、ガス型、乾燥型などの崩壊性の悪い鋳型を用いた大物の鋳造品の場合は、水あるいは砂の混合したものを7 MPa以上の高圧で鋳物に当てるハイドロブラストが使用されます。また、複雑な中子や細長い中子が使用されている場合は、エアシリンダで鋳物をクランプしてバイブレータで加振して砂を落とすノックアウトマシンが使用されます。

図 2-5-1 型ばらし方法の例

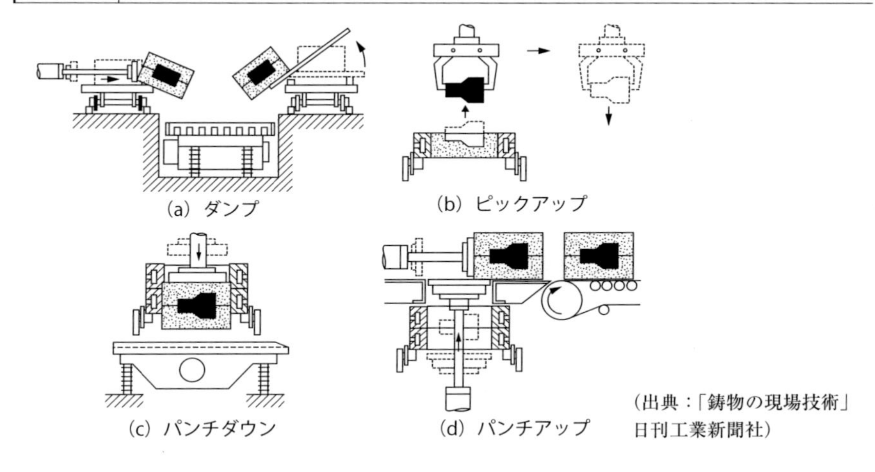

(a) ダンプ　(b) ピックアップ
(c) パンチダウン　(d) パンチアップ

(出典：「鋳物の現場技術」日刊工業新聞社)

図 2-5-2 シェイクアウトマシン　図 2-5-3 クーリングドラム

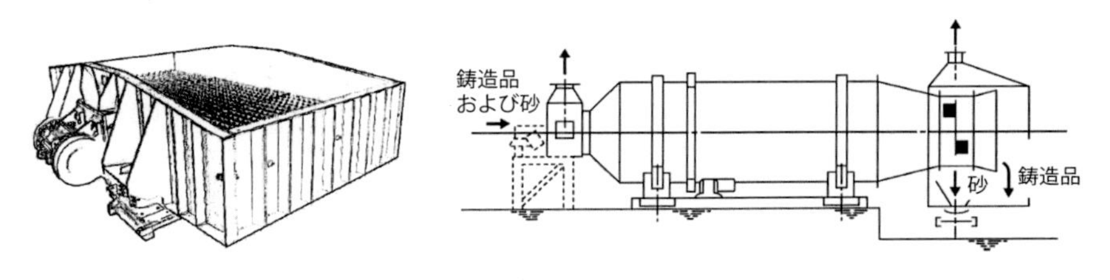

図 2-5-4 ショットブラスト装置　図 2-5-5 ショットブラストのメディア

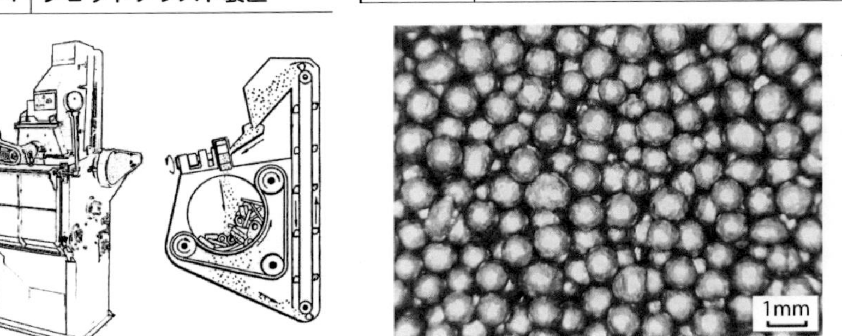

要点 ノート

鋳型に鋳込まれた鋳物は、凝固・冷却後に鋳型と分離し、砂を落としてから、湯口や押湯などを破断・切断し、鋳バリなどを除去します。この鋳込後の一連の作業を鋳仕上げといいます。

方案部の除去と熱処理、塗装・表面処理

❶方案部の除去と仕上げ

ねずみ鋳鉄の場合、型ばらし中に湯口や押湯などは自然に折れますが、残った場合は手ハンマや油圧や空圧プレスハンマ（**図2-5-6**）で折ります。

鋳型の見切り面や中子と主型、中子同士の合わせ面の隙間に溶湯が入り込んでできた出っ張りを鋳バリと呼びます。これらはグラインダを用いて仕上げます。これらの仕上げ作業は、人手に頼る場合もありますが、最近では**図2-5-7**に示すようなNCグラインダや多関節の鋳バリ取りロボットなどが使用されています。

❷熱処理

(1)焼なまし

(a)軟化焼なまし（フェライト化）：鋳放しで局部的に遊離セメンタイトが晶出している鋳物は、切削性をよくするために、900～950℃に1～3時間保持した後、550℃まで炉冷し300℃から空冷します。

(b)応力除去焼なまし：鋳鉄の鋳物では、形状、寸法、肉厚などにより冷却が不均一となり、残留応力が発生します。この残留応力を除去する目的で、500～550℃で2～6時間（1時間＋肉厚25 mmにつき1時間）加熱し、炉冷します。

(2)焼入れ・焼戻し：鋳鉄の硬さを上昇させ、耐摩耗性、強さを改善するために鋼と同様に焼入れ・焼戻しが行われることがあります。ねずみ鋳鉄は、焼入れ・焼戻しによって強さの向上はあまり期待できませが、球状黒鉛鋳鉄は焼入れ性に優れています。焼入れは、A3変態温度以上の850～900℃に0.5～2時間保持し、油冷却します。焼入れによってマルテンサイト組織となり、ブリネル硬さが450～500 HBになります。焼戻しは、200～250℃で0.5～2時間行い、その後空冷します。

(3)焼ならし（パーライト化）：鋳鉄の遊離セメンタイトを黒鉛化することで軟化させ、基地をパーライト化して強靱化するために焼ならし処理が行われることがあります。880～930℃に2～3時間保持し、700～800℃まで炉冷した後に、空冷します。**図2-5-8**に焼ならしした球状黒鉛鋳鉄の顕微鏡組織を示

します。基地がパーライト化しているのが確認できます。

❸塗装・表面処理

鋳鉄の鋳物は必要に応じて塗装や表面処理が行われます。塗装には、機械加工前の一時的なさび止めを目的とするものと、装飾を目的とする本格的な塗装があります。本格的な塗装・表面処理には、樹脂塗装、ZnやCrなどの金属めっき、化成処理、ほうろう掛けなどがあります。**図2-5-9**に表面処理した鋳物の例を示します。

図 2-5-6 空圧プレスハンマによる押湯破断

（写真提供：日本鋳造工学会）

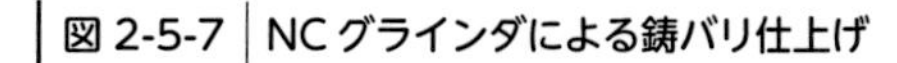

図 2-5-7 NCグラインダによる鋳バリ仕上げ

（写真提供：日本鋳造工学会）

図 2-5-8 焼ならしした球状黒鉛鋳鉄（FCD450）の顕微鏡組織

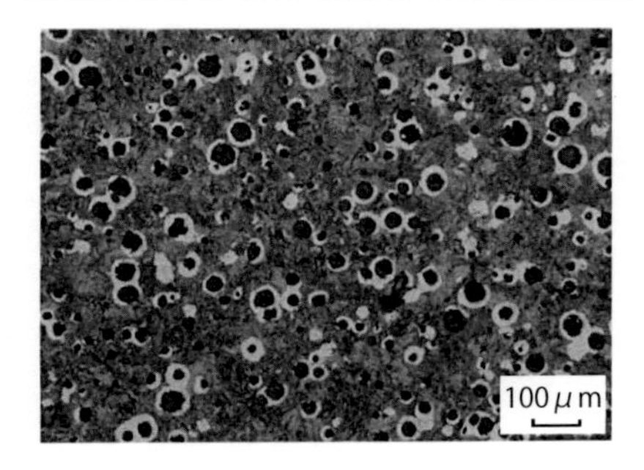

図 2-5-9 塗装・表面処理した鋳鉄の鋳物の例

ほうろう鍋

マンホール蓋

南部鉄瓶

要点 ノート

湯口、押湯などの不要部分を除去し、鋳バリや出っ張りなどをグラインダで研削して仕上げます。必要によって熱処理や塗装・表面処理が行われます。

コラム

● 砂型鋳造特有の欠陥 ●

①入れ干し（いれほし）

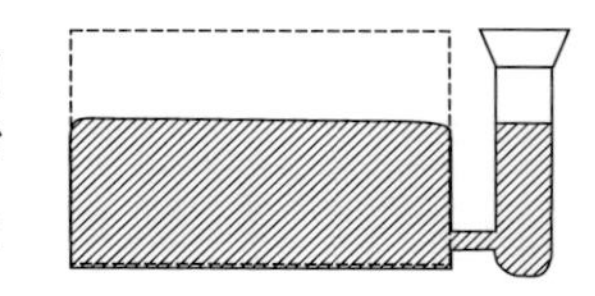

鋳物の上部が欠けている状態で、縁が少し丸くなっている状態を「入れ干し」といいます。発生原因は、取鍋の溶湯が不足して、湯口、押湯、揚がり、製品部などへの溶湯が十分に供給されなかったことや、せきの寸法が小さすぎたことによります。

②きらい（きらわれ）

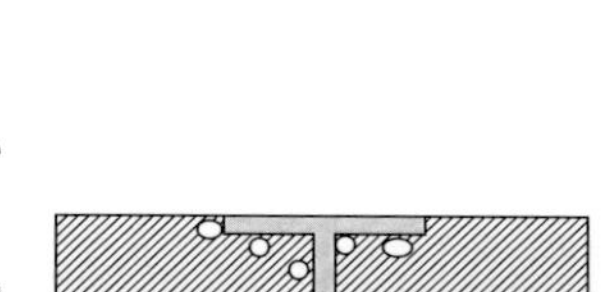

冷し金やケレンなどの周辺に現れる表面が滑らかな球状の穴を「きらい」といいます。発生原因は、冷し金やケレンなどの表面がさびていたり、鋳型中の水分が水蒸気になって冷し金やケレンに凝結した水が溶湯と反応してガス化することによります。

③吹かれ（ふかれ）

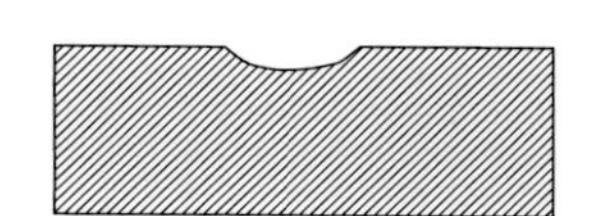

鋳物内に発生する直径が数mm以上で内面が平滑な穴を「吹かれ」といいます。表面に露出しているものと密閉されているものがあります。発生原因は、鋳型から発生したガス圧と湯の圧力が平衡してガスが外部に逃げ出せず、そのまま固まったことによります。

④すくわれ

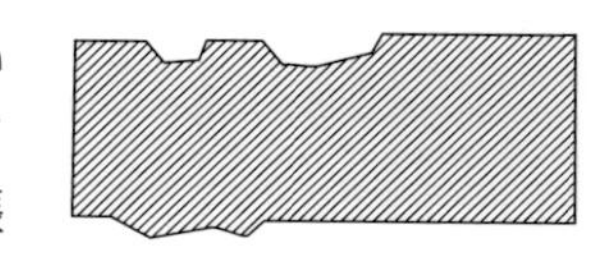

鋳型の表面の一部が剥がされて鋳型内の別の場所に移動し、剥がされた部分に溶湯が入り塊状あるいは板状の突起となることを「すくわれ」といいます。発生原因は、溶湯の熱により表面の砂が膨張し、変形・破損することによります。

【第3章】

金型鋳造を始めよう！

金型鋳造用の鋳型の準備

❶金型鋳造法

金型鋳造は、金属で作った鋳型（金型といいます）の中に溶融金属を鋳込み、凝固させて鋳物を作る方法のことです。通常は重力を利用して溶湯を鋳込む重力金型鋳造のことをいいます。鋳造する金属は、一部の鋳鉄や銅合金などもありますが、ここではアルミニウム合金の金型鋳造に絞って紹介します。

❷金型鋳造用鋳型

図3-1-1に金型鋳造用の金型の例を示します。金型は、基本的には左右あるいは上下に分割可能（固定型と可動型）な2枚の金型で構成され、複雑な製品形状では多分割したり、引抜中子などが使用されたりします。金型には、溶湯を金型キャビティに導く湯口系と、製品部となる金型キャビティからなる金型空間部分と、製品を金型から押し出す際の押出ピン、押出棒、押出板、押出板を戻すリターンピンなどの製品排出機能部分があります。第1章第5節で紹介した押湯をキャビティ上部に設ける場合もありますが、湯口が押湯を兼ねます。

金型鋳造では、中空部などの金型では抜けないアンダーカット部分を形成するために、砂中子やシェル中子などが使用できます。

アルミニウム合金の金型鋳造での鋳造温度は700～750 ℃、金型温度も300 ℃前後と高く、しかも繰り返し使用されるために、耐熱性が要求され、キャビティ部分にはSKD5、SKD6、SKD61などの熱間金型用の合金工具鋼が用いられ、焼入れ、焼戻し、必要に応じて窒化処理を行うことがあります。

金型鋳造の縮み代は、金型の温度や中子の有無によって異なりますが、6/1000～8/1000といわれています。また、金型キャビティ面には次項で紹介するように塗型剤が塗布され、その厚さは0.2～0.3 mm程度であり、仕上げ代として1.5 mmを採用しています。抜勾配は2°を基本としています。

金型キャビティを充填する溶融金属は空気が抵抗になって充填が妨げられることがあります。そこで、**図3-1-2**に示すように金型の分割面に0.2～0.5 mmのガス抜きの溝を設けたり、**図3-1-3**に示すように袋状の部分にガス抜きプラグを設けたりします。

金型の冷却は、金型全体の温度を下げる目的と製品肉厚部の凝固が遅れる部位の冷却を速めるために行われます。前者は、**図3–1–4**(a)に示すようなライン冷却により、また後者は図3–1–4(b)に示すようなスポット冷却によって行われます。金型温度は300 ℃前後と高いので圧縮空気やミストなどで局部的に冷却することがあります。

図 3-1-1 金型鋳造の金型事例

図 3-1-2 金型分割面のガス抜きの事例

図 3-1-3 ガス抜きプラグの事例

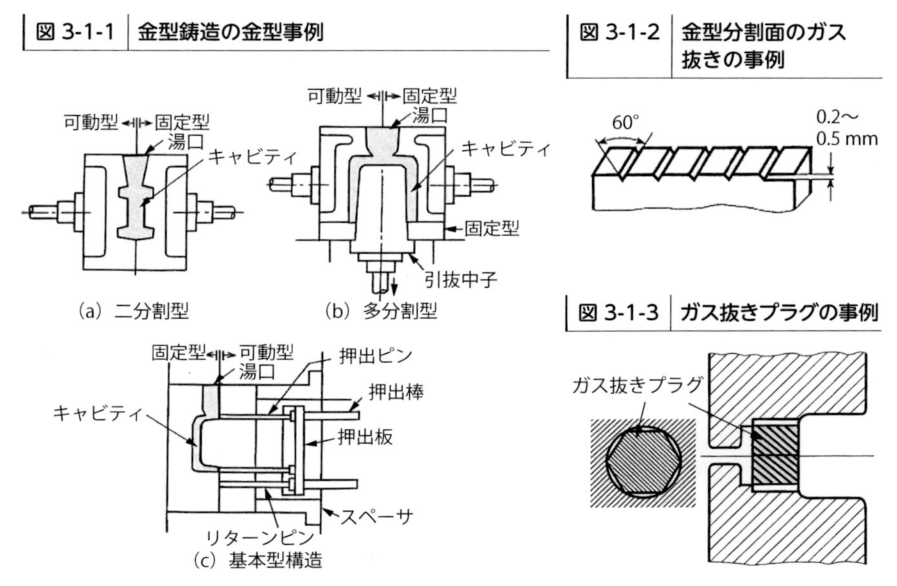

(出典：「軽合金鋳物・ダイカストの生産技術」素形材センター)

図 3-1-4 金型冷却の事例

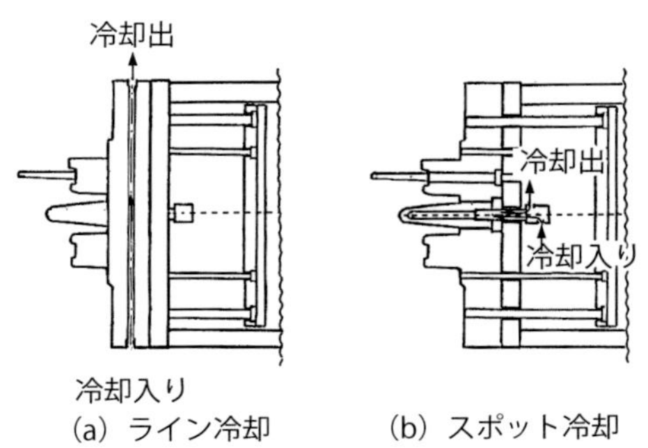

(a) ライン冷却　(b) スポット冷却

(出典：「基礎から学ぶ鋳造工学」日本鋳造工学会)

要点 ノート

金型鋳造に使用する金型は、300 ～ 400 ℃の温度で使用されるため、熱間金型工具鋼で作られ、焼入れ・焼戻し、および窒化などの表面処理が行われます。鋳物の品質を確保するため、ガス抜きや冷却管などが設置されます。

塗型の役割と塗布作業

❶金型鋳造での塗型の役割

⑴溶湯の流動性を向上させる

金型に塗布された塗型は、比較的ポーラスで多くの空隙層があるため、金型キャビティに充填された溶湯の熱が急激に金型に移動することを防ぎ、流動性を向上させます。**図3-1-5**に溶湯/金型間の熱伝達係数に及ぼす塗型厚さの影響を示します。また、**図3-1-6**にAC4C合金の流動長さに及ぼす塗型の有無の影響を示します。

⑵金型キャビティのガスの排出

金型自体には通気性がないので金型キャビティのガスは金型の隙間から排出しなければなりませんが、塗型には通気性があるので塗型膜を介して金型の外にガスを排出できます。

⑶溶湯と金型の反応を防ぎ、焼付きや溶損を防止する

溶融AlはFeと反応して、金属間化合物を作りやすいため、直接アルミニウム合金と金型が接すると焼付きや溶損（侵食）を発生します。塗型は、溶湯とのぬれ性が悪いことからバリヤの役割を果たし、焼付きや溶損を防止します。

❷塗型の材質

塗型の骨材は、カオリン、滑石、アルミナ、ジルコニアなどの粉末を用います。バインダにはけい酸ソーダ（水ガラス）が使用されます。

❸塗型作業の段取り

金型への塗型塗布の段取りの例を以下に示します。

⑴金型の表面をソフトブラストで清掃する

塗型の寿命は、塗型の種類、塗布状態、鋳造条件などによって異なりますが、100～400ショット程度といわれます。寿命がきた塗型は、ソフトブラストや真鍮（しんちゅう）製のワイヤブラシなどで除去して金型表面の清掃を行います。

⑵塗型剤を水で希釈する

塗型剤の原液をメーカ推奨の溶媒（たとえば、水やアルコール）で指定の濃度になるように希釈します。水溶性塗型剤の場合は、原液を水で希釈してけい酸ソーダが5～10％程度の濃度となるように調整します。

(3)金型を200℃前後に予熱する

水で希釈したけい酸ソーダは、乾燥すると密着性に優れた高硬度のガラス質塗膜を形成してバインダの機能を果たし、塗型骨材を金型に付着します。そのため、スプレー塗布前に金型をガスバーナなどで200℃前後に予熱します。

(4)塗型剤を塗布する

スプレーや刷毛によって塗型剤を金型面に数回に分けて塗布します。その際に表面の粗い塗型の場合は濃度の濃い塗型液を、滑らかな表面が必要な場合は薄い液を塗布します。塗型の厚さは0.1～0.3 μmが目安です。湯口、せき、押湯部への塗型は厚めに塗布します。

図3–1–7に金型への塗型の施工例を示します。

図 3-1-5 塗型の厚さと熱伝達係数の関係

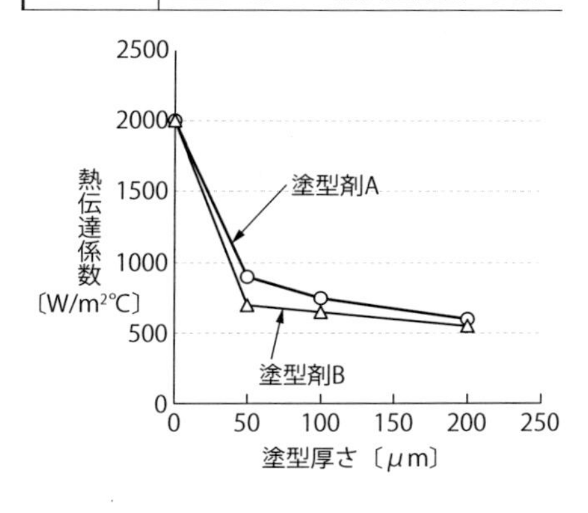

図 3-1-6 AC4C の流動長さに及ぼす塗型の有無の影響

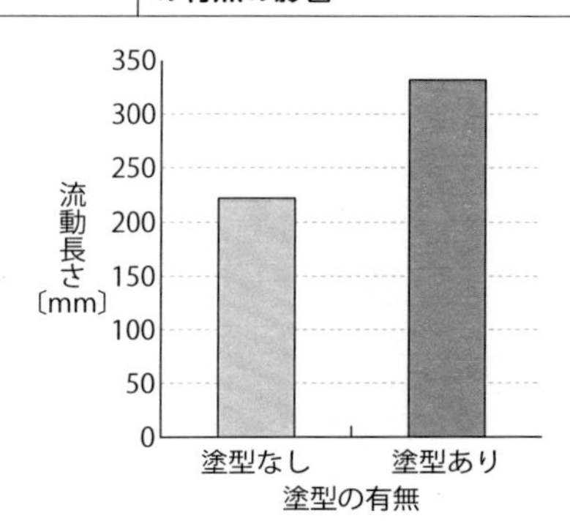

図 3-1-7 塗型の施工例

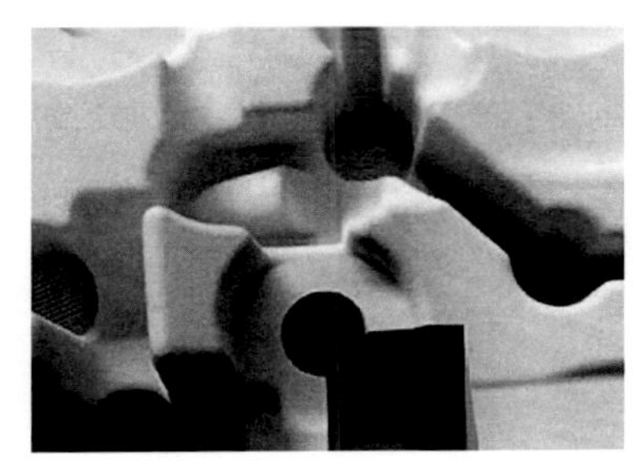

(写真提供：日本鋳造工学会)

要点 ノート

金型鋳造では700℃前後の溶湯が金型内に流入するため、金型の保護や流動性の向上などさまざまな目的で塗型がほどこされます。塗型は数百ショットごとに塗布し直します。

鋳造合金の準備

❶溶解材料

鋳造に使われるアルミニウム合金は、自社で独自に配合する場合と合金地金を用いる場合があります。その他、鋳造工場で発生する湯口、湯道、押湯や不良品などの返り材（リターン材ともいいます）を溶解する場合があります。

❷自社での配合

アルミニウム合金を自社で配合する場合には、純アルミニウム地金と合金用の母合金を用います。純アルミニウム地金は、アルミニウム地金JIS H 2102:2011とアルミニウム二次地金JIS H 2103:1965があります。前者は、**表3-1-1**に示すように純度99.60％以上の高純度地金で純度により、9種類あります。後者は回収したスクラップから再生した地金で展伸用、あるいは脱酸用です。

純AlにSiやCuなどを添加して合金とする場合に、これらの元素は融点が高く直接添加すると溶けにくいので、あらかじめ純Alに合金元素を高濃度で合金化させた母合金を用います。**表3-1-2**に母合金の例を示します。

配合したアルミニウム合金は、化学分析によって組成、成分がJIS H 5202:2010の鋳物の規格範囲にあることを確認する必要があります。

❸アルミニウム合金地金

通常の鋳造工場では、アルミニウム合金地金（JIS H 2211:2010）あるいはJISに準じたアルミニウム合金が使用されます。**図3-1-8**にアルミニウム合金地金を示します。通常は1本が5 kgのインゴットで供給されます。

表3-1-3にアルミニウム合金地金の化学組成の例を示します。JIS H 2211:2010には一次地金と二次地金があります。たとえば、表3-1-3（上と同じ）のAC4Bでは、AC4B.1とAC4B.2がありますが、前者が二次地金、後者が一次地金になります。

一次地金（新塊とも呼ばれます）は、不純物の少ない純アルミニウムを基に各種元素を添加して合金にしたものです。一次地金では純アルミニウムを基にするため、予定した合金成分範囲に正確に調整することが容易で、不純物が少ない成分的に安定した材料にすることができます。

二次地金（再生塊とも呼ばれます）は、缶やサッシなどのスクラップを基に純アルミニウム地金や合金元素が添加された合金です。二次地金は種々のスクラップを用いるため、成分的には規格範囲になってますが、Feなどの不純物成分が多く含まれることがあります。しかし、二次地金の生産が一次地金の生産に比べて約3%のエネルギーで済むため、省エネルギーの面では有利です。

表 3-1-1　アルミニウム地金の抜粋 (JIS H 2102:2010)

種類の記号	化学成分〔%〕										
	Si	Fe	Cu	Mn	Mg	Zn	Ti	Ga	V	その他個々	Al
	上限値										下限値
Al 99.94	0.030	0.030	0.005	0.010	0.010	0.010	0.005	0.02	－	0.010	99.94
Al 99.70	0.10	0.20	0.01	－	0.02	0.03	0.02	0.03	0.03	0.03	99.70
Al 99.7E	0.07	0.20	0.01	0.005	0.02	0.04	－	－	－	0.03	99.70
Al 99.6E	0.10	0.30	0.01	0.007	0.02	0.04	－	－	－	0.03	99.60

表 3-1-2　代表的な母合金

Al-Si	Si12～22 %
Al-Cu	Cu33～50 %
Al-Mn	Mn10 %
Al-Ni	Ni10～20 %
Al-Fe	Fe3～6 %

図 3-1-8　アルミニウム合金地金(500 kg)

表 3-1-3　主な鋳物用アルミニウム合金地金 (JIS 2211:2010)

種類の記号	化学成分〔%〕										
	Cu	Si	Mg	Zn	Fe	Mn	Ni	Ti	Pb	Sn	Cr	Al
AC2B.1	2.0-4.0	5.0-7.0	≦0.25	≦0.1	≦0.30	≦0.10	≦0.30	≦0.20	≦0.05	≦0.05	≦0.05	残部
AC2B.2	2.0-4.0	5.0-7.0	≦0.25	(≦0.03)	≦0.30	(≦0.03)	(≦0.03)	≦0.20	(≦0.03)	(≦0.03)	(≦0.03)	残部
AC4B.1	2.0-4.0	7.0-10.0	≦0.5	≦1.0	≦0.8	≦0.50	≦0.35	≦0.20	≦0.20	≦0.10	≦0.20	残部
AC4B.2	2.0-4.0	5.0-7.0	≦0.5	(≦0.03)	≦0.30	(≦0.03)	(≦0.03)	≦0.20	(≦0.03)	(≦0.03)	(≦0.03)	残部
AC4CH.1	≦0.10	6.5-7.5	0.30-0.45	≦0.10	≦0.17	≦0.10	≦0.05	≦0.20	≦0.20	≦0.05	≦0.05	残部
AC4CH.2	≦0.05	6.5-7.5	0.30-0.45	≦0.03	≦0.12	≦≦0.03	≦0.03	≦0.20	≦0.03	≦0.03	≦0.03	残部
AC7A.1	≦0.10	≦0.20	3.6-5.5	≦0.15	≦0.25	≦0.6	≦0.05	≦0.20	≦0.05	≦0.05	≦0.15	残部
AC7A.2	(≦0.05)	≦0.20	3.5-5.5	(≦0.03)	≦0.20	≦0.6	(≦0.03)	≦0.20	(≦0.03)	(≦0.03)	(≦0.03)	残部
AC8A.1	0.8-1.3	11.0-13.0	0.8-1.3	≦0.15	≦0.7	≦0.15	0.8-1.5	≦0.20	≦0.05	≦0.05	≦0.10	残部
AC8A.2	0.8-1.3	11.0-13.0	0.8-1.3	(≦0.03)	≦0.40	(≦0.03)	0.8-1.5	(≦0.03)	(≦0.03)	(≦0.03)	(≦0.03)	残部
AC9B.1	0.50-1.5	18-20	0.6-1.5	≦0.20	≦0.70	≦0.50	0.50-1.5	≦0.20	≦0.10	≦0.10	≦0.10	残部
AC9B.2	0.50-1.5	18-20	0.6-1.5	(≦0.03)	≦0.40	(≦0.03)	0.50-1.5	0.50-1.5	(≦0.03)	(≦0.03)	(≦0.03)	残部

要点 ノート

鋳造合金は純アルミニウムと母合金を用いて溶解する場合と、あらかじめ成分調整されたアルミニウム合金地金を用いる場合があります。いずれもJIS規格あるいはそれに準じる組成の材料が使用されます。

アルミニウム合金の溶解作業

❶溶解材料とその配合

溶解原料としては、鋳物用アルミニウム合金地金、**図3-2-1**で示すような湯口、湯道、押湯などの返り材（リターン材ともいいます）、工程内で発生する不良品やそのほかの添加材料が用いられます。

後工程で発生する切削くずも用いられますが、切削くずは比表面積が大きいために酸化物を発生しやすかったり、切削油などが付着したり、溶湯の品質をいちじるしく劣化させやすくなります。また、返り材に鋳ぐるみ材や金網のストレーナなどが付着している場合は、事前に取り除いておきます。

品質のよい溶湯を作るため、返り材の配合比率は、鋳造方案や鋳造方法などによって異なりますが、3～5割程度に留めることが望ましいとされます。

❷溶解作業

アルミニウム合金鋳物の溶解作業は、一般的に**図3-2-2**で示す工程で行われます。脱ガス、脱滓、成分調整は多少入れ替わる場合があります。

アルミニウム合金鋳物の溶解に使われる溶解炉は、第4章第2節の図4-2-2～図4-2-4で示すダイカストと同様なものが使用されます。小規模生産で小ロットに対応する場合などには、数100 kg～1t 程度の容量のるつぼ炉が多く用いられます。中規模生産の場合には、急速溶解機能、保持室、給湯部を備えた小型の連続溶解保持炉を用います。時間当たり100 kg～数tといった大規模生産では、連続溶解方式のタワー型急速溶解炉で溶解し、取鍋などで各鋳造機に付属した小型のるつぼ式保持炉などに配湯する集中溶解方式が採用されています。集中溶解方式では、溶湯の移し替え時に高いところから落下させると酸化膜や空気を巻き込んで溶湯の品質を悪化させることがあります。

溶解温度は合金種にもよりますが、たとえばAC4Bでは750 ℃程度で鋳造温度（鋳込み温度）より高い温度で溶解します。それによって返り材などの原材料表面の酸化膜を分離させます。

溶解温度が800 ℃を超えると、アルミニウム合金溶湯が急激に酸化したり、水素ガスを吸収したりしやすくなるので、750 ℃以上に長時間保持することは避けます。

❸溶解用器具

溶解作業にあたっては、溶湯表面に垢（あか）、滓（かす）、ドロスとも呼ばれます）が発生したり、溶湯中に介在物が発生したりします。これらを分離したり除去したりするために、**図3-2-3**に示すような器具を使用します。あか取りは、溶解炉、るつぼの縁、溶湯表面のあかや酸化物をすくい取るのに用います。ホスホライザは、次項で紹介する脱ガスを行う場合にフラックスを溶湯中に浸漬するのに使います。あか落しべらは、炉壁やるつぼ壁に付着したあかを除去するのに用います。撹拌板は、溶解後の溶湯の撹拌に用います。湯汲みは、溶湯をくみ出すのに用います。

❹成分の調整

原材料を溶解したら、化学成分により合金成分が目標値の範囲内にあるか確認します。もし目標成分範囲から外れている場合には、Al-Si、Al-Cu、Al-Mg、Al-Ni などの各種の母合金などを添加して調整します。分析手法については、JIS H 1305:2005の発光分光分析方法やJIS H 1306:1999の原子吸光分析方法などに規定されています。

図 3-2-1 返り材

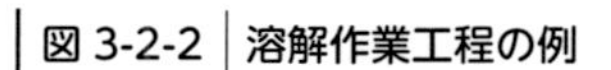

図 3-2-2 溶解作業工程の例

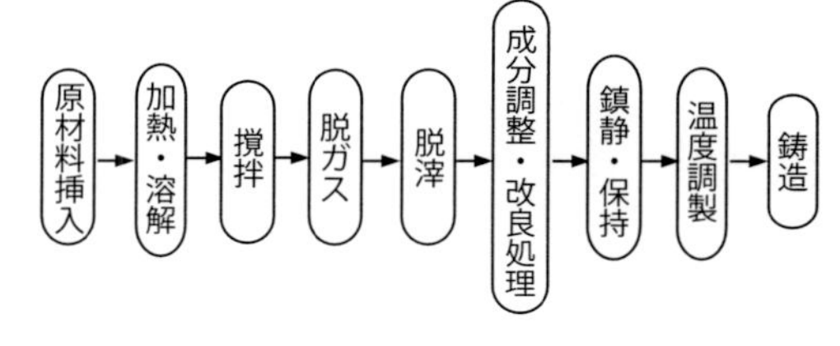

図 3-2-3 溶解作業器具

要点 ノート

溶解に使う原料には、地金、返り材を用いますが、溶湯品質を維持するため返り材の配合比率は３～５割に留めます。また、溶解にあたっては規格範囲の合金成分となるように調製します。

脱ガス・脱滓によって健全な溶湯を作る

❶水素ガスの影響

溶湯中には、大気中の水素分圧に応じて水素が吸収されます。**図3-2-4**に純Al中の水素の溶解度と温度の関係を示します。水素は液体のAlには原子状で溶解し、温度が高いほど多くの水素が溶解しますが、固体への水素の溶解度はいちじるしく低く、凝固時に溶解限を超えた水素は、分子状の水素ガスとして放出されて、**図3-2-5**に示すようなピンホール（小さな空洞）を形成します。

❷脱ガス処理

(1)フラックスによる脱ガス処理

フラックスには、NaCl、KCl、NH_4Clなどのハロゲン化合物の混合塩が用いられます。溶湯量の0.2～0.4％のフラックスを溶湯表面に散布して撹拌板で溶湯と撹拌します。溶湯中の水素は、**図3-2-6**に示すようにフラックスから生成した$AlCl_3$ガスに拡散することで除去されます。

(2)不活性ガスによる脱ガス処理

図3-2-7に示す回転脱ガス法は、回転翼からArやN_2などの不活性ガスを溶湯中に微細な気泡として吹き込み、気泡内に水素を拡散させて除去します。フラックスと併用することでさらに効率よく脱ガスすることができます。

❸脱滓処理

溶解したままの溶湯中には、**図3-2-8**に示すような酸化皮膜を主体とする介在物が発生し、これを除去することを脱滓（だっさい）処理といいます。脱滓処理には、脱ガス処理の(1)、(2)と同様な方法、フィルタを用いての濾過（ろか）などの方法があります。

(1)フラックスや不活性ガスによる脱滓処理

塩化物（NaCl、KClなど）やフッ化物（NaF、Na_2SiF_6など）を主成分としたフラックスの溶融塩は、酸化物を吸着して溶湯表面に浮上・酸化してドロスを形成します。処理温度はフラックスが溶融する温度（700℃以上）で行います。不活性ガスとフラックスの併用はさらに効率よく脱ガス・脱滓を行えます。

(2)フィルタによる脱滓処理

溶湯を**図3-2-9**に示すセラミックス製の網状やスポンジ状のフィルタを用いて酸化物捕足や酸化物の吸着ろ過することで介在物を除去します。

❹鎮　静

脱ガス、脱酸が終わった溶湯はすぐに鋳造せずに、20分間程度放置（鎮静）させてから鋳造します。

図 3-2-4 純アルミニウム中の水素の溶解度と温度の関係

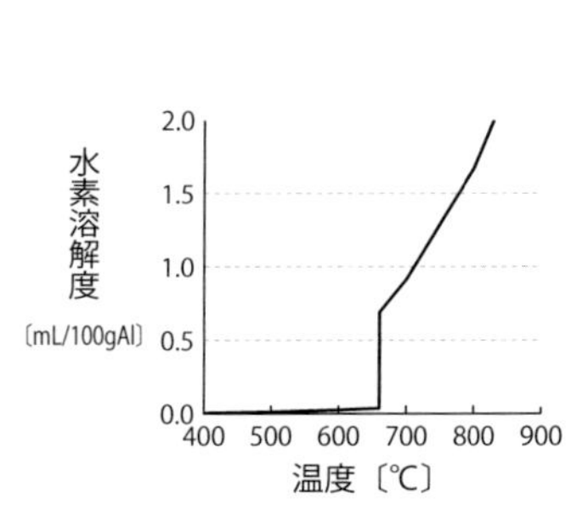

図 3-2-5 ピンホール

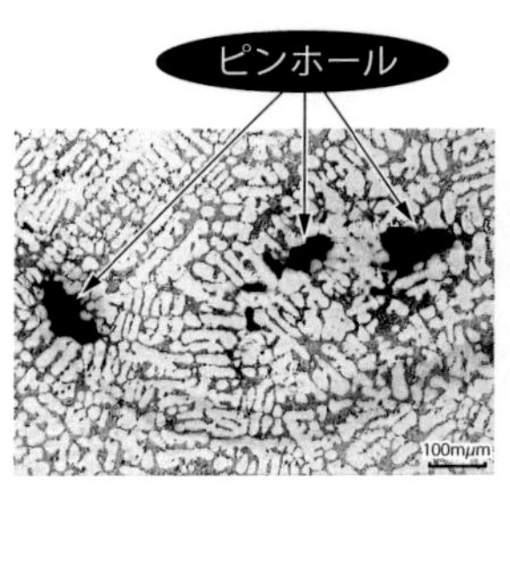

図 3-2-6 フラックスによる脱ガス

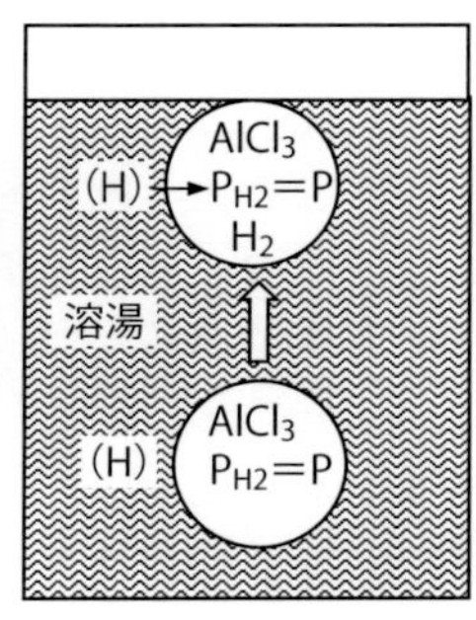

図 3-2-7 回転脱ガス法

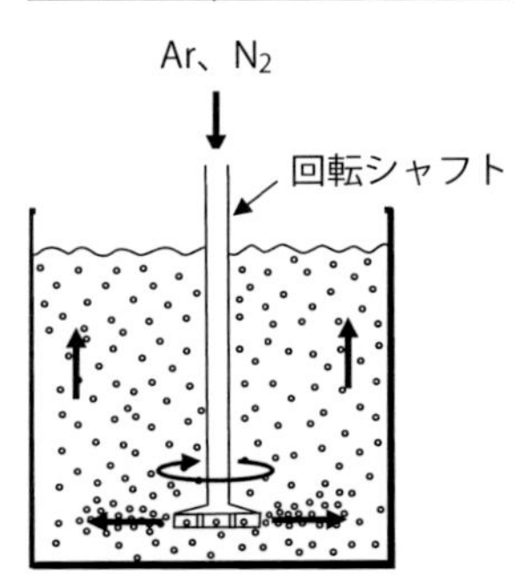

図 3-2-8 鋳物中の酸化皮膜

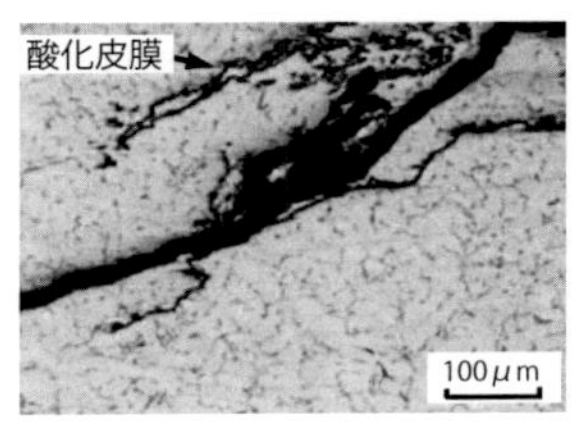

（写真提供：㈱大紀アルミニウム工業所）

図 3-2-9 フィルタによるろ過

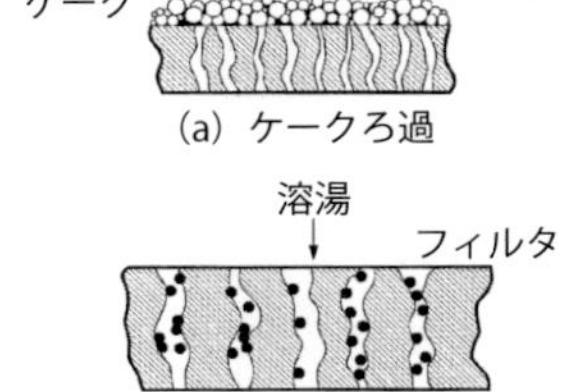

要点 ノート

鋳造の品質を維持するためには、健全な溶湯を作ることが大切です。特に水素ガスや酸化物などの介在物は適切な方法で基準範囲内に維持・管理することが必要です。

溶湯品質の検査項目と方法

❶合金成分の検査

鋳造で一般的に用いられる合金成分の分析方法はスパーク放電発光分光分析法（JIS H 1305:2005）です。発光分光分析は、スパーク放電により試料を発光させ、分光器によってそのスペクトルを調べ、試料中に含まれている元素の種類やその含有量を定量的に測定する分析法です。測定が短時間に行えることが特徴です。測定用試料は、**図3-2-10**に示す100～150℃程度に加熱した金型に溶湯を鋳込んで採取します。鋳肌面は合金成分の偏析があるため、分析面の2mm程度を旋盤などで切削・除去して分析します。試料の厚さは3mm以上を確保します。

❷水素ガス量の検査

溶湯中の水素ガスを測定する方法には、水素ガスセンサを用いる方法、ランズレー法、イニシャルバブル法、減圧凝固法、徐冷法などがありますが、現場でよく使用される方法は、イニシャルバブル法、減圧凝固法です。

イニシャルバブル法は、溶湯をステンレス製のるつぼに採取し、減圧容器内に設置してから真空ポンプで減圧し、水素ガス気泡の発生を確認し、そのときの温度と圧力から水素ガス量を求める方法です。

減圧凝固法は、**図3-2-11**に示すように、溶湯をステンレス製の容器に採取し、真空ポンプで減圧して凝固させ、冷却後に試料を切断してガス気泡の分布と大きさから水素量を推測します。**図3-2-12**に減圧凝固法による脱ガス処理前と脱ガス処理後の試料の断面を示します。

❸介在物測定方法

介在物の測定法として現場でよく使用される方法に、Kモールド法があります。これは、**図3-2-13**に示すようなアルミニウム製の鋳型に鋳込んだ短冊状の試験片をハンマなどで5～6片に割り、破面に現れた介在物を数えます。**図3-2-14**に破面の観察例を示します。評価方法としてはすべての破面に現れた介在物の総数を試験片の数で割った値をK値と呼び、**表3-2-1**に示すランクA～Eに分類して溶湯品質を判定します。拡大鏡を用いて介在物の数を計測する場合には、K3値、K10値のようにその拡大倍率を付記します。

図 3-2-10　分析用試験片の採取

図 3-2-12　減圧凝固法による検査例

図 3-2-11　減圧凝固法

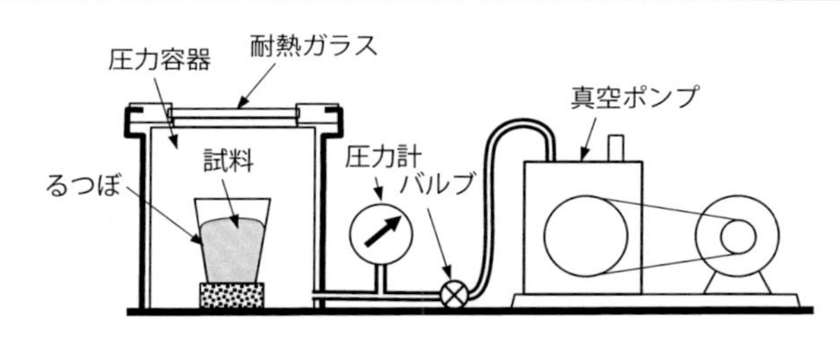

図 3-2-13　K モールド

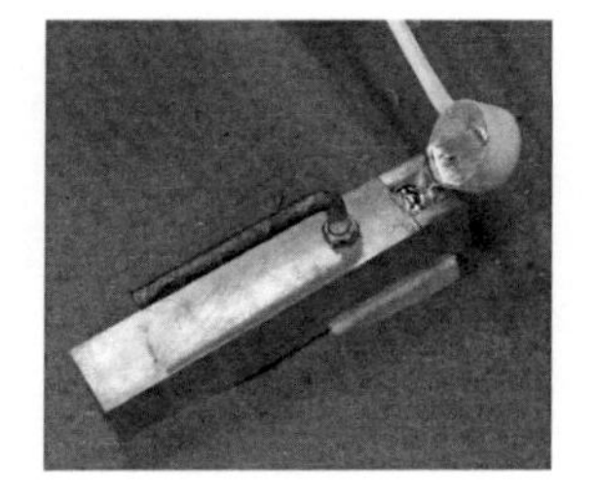

図 3-2-14　K モールドの破面観察例

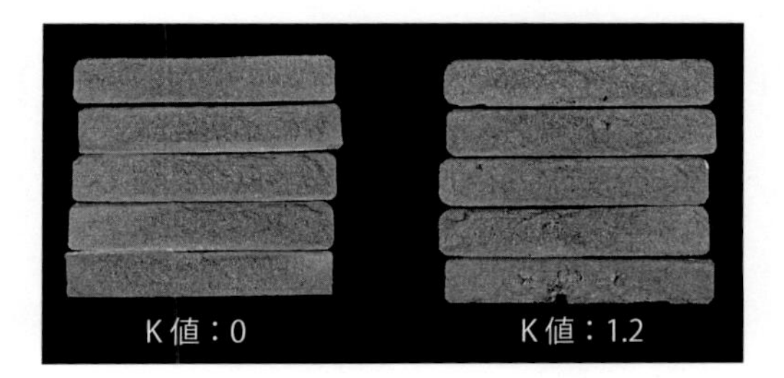

表 3-2-1　K モールド法による介在物の判定

ランク	K値	清浄度の判定	鋳造可否の判定
A	＜0.1	清浄な溶湯	鋳造してもよい
B	0.1−0.5	ほぼ清浄な溶湯	鋳造してもよいができれば処理した方がよい
C	0.5−1.0	やや汚れている溶湯	処理の必要がある
D	1.0−10	汚れている溶湯	処理の必要がある
E	＞10	著しく汚れている溶湯	処理の必要がある

要点　ノート

溶解した溶湯を鋳造して問題がないかを確認するために品質の検査を行います。検査する項目には、化学成分、ガス量、介在物量などがあり、できる限り定量的に評価することが大切です。

改良処理の種類と方法

❶溶湯処理とは

砂型鋳造や金型鋳造では、冷却速度が遅いため金属組織が大きく、鋳放しでの機械的性質が劣ります。そこで、金属組織を微細にして機械的性質を向上させる処理が行われます。これを改良処理といい、結晶粒、共晶組織、初晶Siを微細化する処理方法などがあります。

❷結晶粒の微細化処理

結晶粒を微細化する目的は、❶で述べた機械的性質の改善だけではなく、Al-Cu系合金やAl-Mg系合金のように粥(かゆ)状型凝固する合金は、凝固時に割れを発生（熱間割れ、鋳造割れ、凝固割れなどといわれます）することがあり、結晶粒を微細化することで割れを抑えることができます。

金属が凝固する際には、最初に核といわれるものが作られる必要があります。その核になる物質を溶湯の中にたくさん作ることができれば結晶粒は微細になります。その作用を持つ元素（結晶微細化剤）にTiやBがあります。TiやBを添加すると溶湯中に$TiAl_3$やTiB_2が形成され、これを核（異質核といいます）としてAlが晶出するので結晶が微細になります。添加量は、Tiは0.1～0.2％、Bは0.05％程度で、Alとこれらの元素の母合金として添加されます。**図3-2-15**に純Alの微細化処理前後のマクロ組織を示します。

❸共晶組織の微細化処理

鋳物用アルミニウム合金のほとんどはAl-Si共晶系の合金です。Siはきわめて硬く脆い性質があり、共晶Siが大きいと鋳物の延性（伸びる性質）や靱(じん)性（粘い性質）が悪くなります。そこで、この共晶Siの形を変える元素として、Na、Sr（ストロンチウム）、Sb（アンチモン）などが微量添加されます。

SrはAl-10％Sr母合金で添加され、50～150 ppmを目安とします。**図3-2-16**にAC4CのSr添加処理前後のミクロ組織を示します。

❹初晶Siの微細化処理

耐摩耗性合金として知られるAC9A、AC9Bは、Siを18～24％添加された過共晶Al-Si合金で、塊状の初晶Siが形成されます。初晶Siの硬さはビッカース硬さで1320HVときわめて硬く脆いため、初晶Siが粗大に晶出すると被削性

（切削性）をいちじるしく悪くしたり、引張強さや靱性を低下させたりします。そこで、初晶Siの微細化処理が行われます。微細化処理剤としてはPが添加されます。PはAlとAlPを形成してSiの核となります。Pは、Cu-P母合金やAl-Cu-P母合金を用いて100 ppmを目安に添加されます。PもNaと同様に、改良効果の持続時間は1時間程度とされます。**図3-2-17**にP添加前と添加後のミクロ組織を示します。

図 3-2-15　純 Al の(a)微細化処理前、(b)微細化処理後のマクロ組織

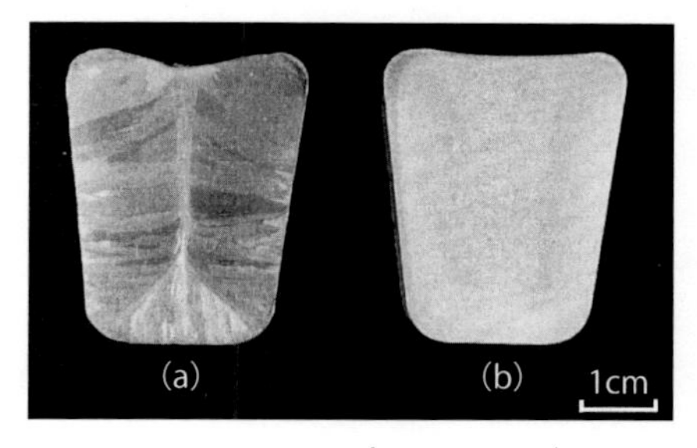

図 3-2-16　AC4C の Sr による改良組織の例

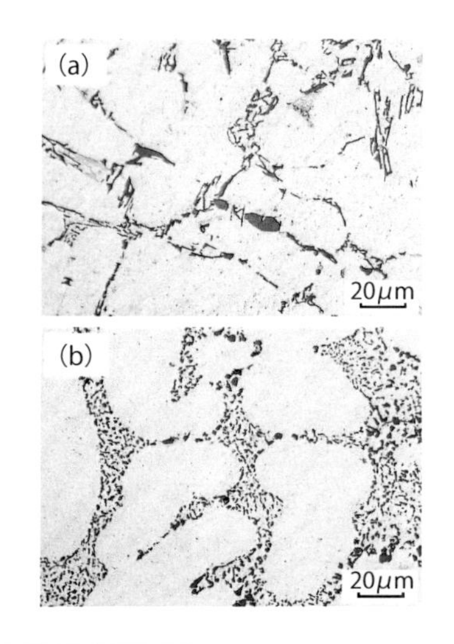

図 3-2-17　(a) P 添加前と(b)添加後のミクロ組織

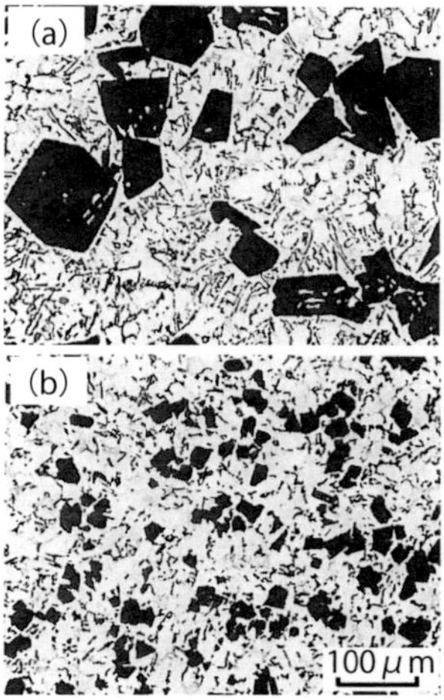

(a)

(b)

100 μm

（写真提供：日本鋳造工学会）

要点 ノート

鋳物の組織は微細なほどその特性が優れています。しかし、砂型鋳造や金型鋳造では冷却速度が遅いため、組織が粗大に形成されます。組織を微細にして特性を向上させるためにさまざまな改良処理が行われます。

組織検査の方法

❶組織検査の種類

金属の組織観察には、肉眼かあるいは低倍率の拡大鏡で観察されるマクロ組織観察と金属顕微鏡などを用いて観察されるミクロ組織があります。

❷マクロ組織の観察方法

マクロ組織は、広範囲の試料表面を機械的に研磨して、薬品を用いて化学的に腐食して組織を現出させ、肉眼あるいは10倍程度の拡大鏡を用いて観察します。マクロ組織を現出させるための手順は以下のとおりです。

(a)試料の切断：採取した試料を厚さ15 mm程度の厚さに切断します。

(b)試料の研磨：観察面に凹凸がある場合にはやすりやグラインダなどで平滑にします。さらに、湿式の耐水研磨紙をガラス板などの平滑な面において水を流しながら観察面を研磨します。研磨は240番程度の粒度の粗いものから順次細かなものに取り替え1000番程度まで行います。

(c)腐食（エッチング）：研磨したままの表面では、結晶粒は観察できません。**表3-2-2**に示すような腐食液を用いて腐食を行います。腐食にあたっては、保護具（安全めがね、耐薬品用の保護手袋など）を必ず着用します。

(d)水洗、乾燥：腐食が完了したら直ちに水洗いをして、熱風などで乾燥します。

(e)観察：観察は肉眼もしくは10倍程度の拡大鏡を用いて観察します。

❸ミクロ組織の観察方法

(a)、(b)ミクロ組織を現出するための手順：マクロ組織の手順(a)、(b)と同じです。ただし、ミクロ組織観察の場合は試料が小さい場合がありますので、研磨などで持ちやすくするために**図3-2-18**に示すように樹脂に埋め込むことがあります。

(c)バフ研磨：ミクロ組織観察の場合は、研磨紙による研磨が終わったら十分に水洗いをして研磨粉を除去し、**図3-2-19**に示すような回転板に取り付けた研磨布（バフ布）の上に研磨粉末を水に混ぜた液を滴下しながら研磨の条痕を消します。研磨粉末は1～5 μmと0.05～0.3 μmの2段階のものを順に使用します。

(d)腐食（エッチング）、水洗、乾燥：腐食は、**表3-2-3**に示すようにマクロ腐食液より濃度の低い腐食液を用いて腐食を行います。水洗と乾燥は、マクロ組織観察と同様です。

(e)観察：組織観察は、**図3-2-20**に示すような金属顕微鏡を用いて観察を行います。

表 3-2-2 マクロ組織観察用腐食液

腐食液	組 成	用 法	備 考
水酸化ナトリウム	NaOH 10 g H_2O 90 mL	70～80℃で浸漬、水洗 腐食生成物は濃硝酸で除去後水洗	一般のマクロ組織観察
ふっ酸	HF 10 mL H_2O 90 mL	浸漬、温水洗浄	高Si合金鋳物

図 3-2-18 樹脂埋めした観察試料

図 3-2-19 バフ研磨装置

図 3-2-20 金属顕微鏡の例

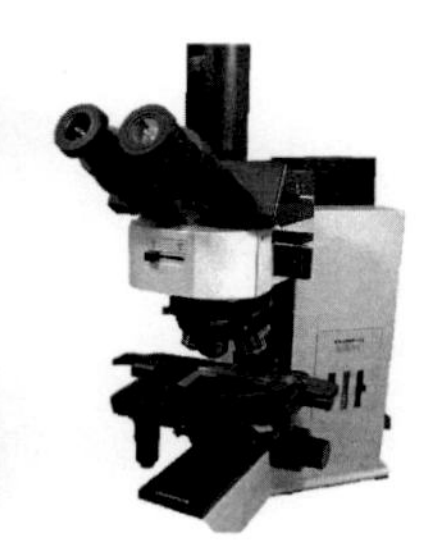

表 3-2-3 ミクロ組織観察用腐食液

腐食液	組 成	用 法	備 考
水酸化ナトリウム	NaOH 1g H_2O 90 mL	室温で5～15秒 腐食後必要に応じて硝酸5 mL＋水95 mLで洗浄	一般のミクロ組織検出
ふっ酸	HF 0.5 mL H_2O 99.5 mL	室温で5～15秒	微細組織検出
Keller液	HF 1 mL HCl 1.5 mL HNO_3 2.5 mL H_2O 95 mL	室温で5～15秒	微細組織検出 相識別 溶質濃度分布検出

要点 ノート

鋳物の組織にはマクロ組織とミクロ組織がありますが、組織検査を行うことで改良処理の効果を確認します。その他、組織検査はできあがった鋳物の欠陥の有無などにも適用されます。

鋳造条件と注湯方法の選定

溶湯を金型に鋳込む前に、鋳造条件を設定しておきます。鋳造条件の三要素は、金型温度、鋳込温度、鋳込時間といわれます。以下に、鋳造条件の選定のポイントを示します。

❶金型温度

金型温度は、凝固時間、離型時の製品強度などに影響するので、適正な温度で鋳造を繰り返すことができるように設定します。**図3-3-1**に示すように溶湯の流動性（流動長さ）は、金型温度が高いほど良好になりますが、湯回り性を改善するために金型温度を異常に高くすることは型寿命の観点から避けることが望ましいです。金型の体積と製品の体積の比を鋳型比といいますが、鋳型比が小さいと金型の温度が上昇して次項で紹介するサイクルタイム（1つの製品を鋳造する時間）が増加します。また、鋳型比が大きいと金型温度が上昇しにくくなりますが、サイクルタイムを短くすることで金型温度が維持されます。

金型鋳造での適切な金型温度は、300～400℃といわれています。

❷鋳込温度

鋳込温度は、合金種によって異なりますが、AC2B、3A、4B、4C、8A、8Bでは710～730℃、そのほかの合金種では730～750℃が適切とされます。**図3-3-2**に鋳込温度と流動長さの関係を示します。鋳込温度が低すぎると金型内の流動途中で凝固して湯回り不良が発生したり、押湯が不十分となりひけ巣を発生したりします。また、750℃以上に過熱すると水素ガスを吸収したり、溶湯の酸化が進んだりしますので注意します。

❸鋳込時間

鋳込時間は、金型内に溶湯を注湯する時間のことです。砂型鋳造での鋳込時間は、第2章第4節で紹介したように、鋳物質量の平方根に比例する実験式が提案されていますが、金型鋳造では特に示されていません。そこで、ダイカストで使用される式（*3.3.1*）に示すF.C.Bennettの充填時間の計算式を用いて金型鋳造の鋳込時間を見積もります。なお、0.7はBennett係数と呼ばれ、完全に凝固するまでの時間の70％を充填時間としています。

$$t = \frac{0.7\rho x^2 \{q_a + c(T_m - T_s)\}}{k(T_m - T_d)} \qquad (3.3.1)$$

ここで、t：充填時間＝鋳込時間〔s〕、k：溶湯の熱伝導率〔W/m･℃〕、q_a：溶融潜熱〔J/kg〕、c：比熱〔J/kg･℃〕、ρ：溶湯密度〔kg/m^3〕、T_m：溶湯温度〔℃〕、T_s：固相線温度〔℃〕、T_d：金型温度〔℃〕、x：肉厚の1/2〔m〕。

図3-3-3に、AC4C合金を例に鋳物の肉厚と鋳込時間の関係を示します。

計算に用いたAC4C合金の物性値と条件は**表3-3-1**のとおりです。

鋳込速度Q〔m^3/s〕は、式（*3-3-2*）で示されます。

$$Q = \frac{V}{t} = \frac{W}{t \cdot \rho} \qquad (3.3.2)$$

ここで、V：製品体積〔m^3〕、t：鋳込時間〔s〕、W：製品質量〔kg〕、ρ：溶湯密度〔kg/m^3〕

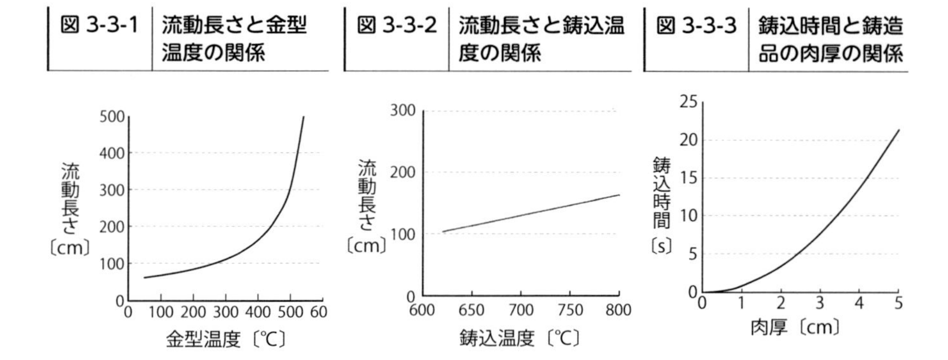

図3-3-1 流動長さと金型温度の関係

図3-3-2 流動長さと鋳込温度の関係

図3-3-3 鋳込時間と鋳造品の肉厚の関係

表3-3-1 AC4C合金の物性値と条件

k〔W/m･℃〕	q_a〔J/g〕	c〔J/g･℃〕	ρ〔kg/m^3〕	T_m〔℃〕	T_s〔℃〕	T_d〔℃〕
0.85	403	1.16	2.4	720	555	350

要点 ノート

鋳造作業を実際に始める前に、鋳造条件の選定を行います。鋳造条件は、金型温度、鋳込温度、鋳込時間が主なものです。これらを最適化することで、健全な鋳物が得られます。

アルミニウム合金の金型鋳造作業の手順

❶鋳造作業

鋳造作業工程の例を**図3-3-4**に示します。鋳造作業には、一連の工程を手作業で行う場合と機械による自動作業があります。最近では産業用ロボットの導入による自動化が進んでいます。鋳物の大きさ、生産規模などで使い分けします。ここでは、主に手作業の例を示します。

(1)清掃・型締：鋳造作業の工程は、エアブローや刷毛によって金型に残った鋳バリの清掃を行い、中子がある場合には中子を挿入します。必要に応じて再度エアブローで清掃をして、金型を閉じます。

(2)注湯作業：金型に溶湯を注湯する方法は、**図3-3-5**に示すように鋳造方式によって異なります。(a)の定置式鋳造の場合は、金型を閉じた状態で湯汲みから直接、湯口に注湯します。溶湯表面の酸化物をあか取りで除去し、湯汲みを金型の湯口移動して、静かに注湯します。この際に清浄な溶湯であっても、金型への給湯時に乱流を起こしたり滝（たき）を形成させたりすると、再び介在物を増加させるので金型内に静かに溶湯が供給されるまでは細心の注意が必要です。

(b)の傾動式鋳造の場合は、金型を倒した状態でいったん湯受けに注湯した後、金型を戻す際に金型内に溶湯が注湯されます。静かに注湯できるので、ガスの巻き込みを少なくできます。

(3)型開き・離型：金型内に注湯された溶湯が凝固し、取り出し可能な温度まで冷却されたら金型を開き、鋳物を取り出します。注湯から金型が開くまでの時間を型開き時間といい、鋳物を取り出すことを離型といいます。型開き時間が短か過ぎると鋳物の取り出し温度が高いため鋳物が変形したり、室温に冷却されるまでの寸法変化が大きくなることがあります。逆に、型開き時間が長過ぎると鋳物の取り出し温度が低いために金型からの離型力が大きくなり、離型しにくくなります。

(4)サイクルタイム：図3-3-4の一連の工程を鋳造サイクルといい、1サイクルにかかる時間をサイクルタイムといいます。安定した生産、品質を確保するためにはサイクルタイムをできる限り一定にする必要があります。そのためには、熱電対を用いて鋳造温度、金型温度の管理を徹底し、変動を小さくします。また、生産性を考慮するとサイクルタイムは短くすることが望ましく、空気やミストなどの冷却媒体で金型の冷却を行うことも大切です。

❷自動鋳造機の例

図3-3-6にロータリ式の自動鋳造機の例を示します。ターンテーブルの上には6台の鋳造機が設置され、テーブルが回転しながら順次鋳造が行われます。ターンテーブルが1回転する間に図3-3-4の工程が行われます。

図3-3-7に自動鋳造機の例を示します。注湯方式は、図3-3-5(b)の傾動式鋳造機で、サーボモータにより金型を傾動させ、ホッパー内に注湯し、基に戻しながら金型内に溶湯を鋳込みます。金型を傾ける速度を滑らかに制御することで溶湯が乱れることなく安定した鋳造が可能となります。

図 3-3-4 鋳造作業工程の例　　**図 3-3-5 注湯方法の例**

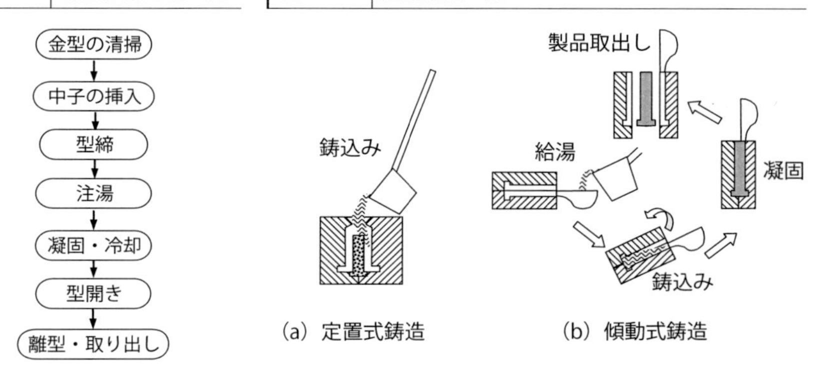

図 3-3-6 ロータリ式の自動鋳造機　　**図 3-3-7 傾動式鋳造機の例**

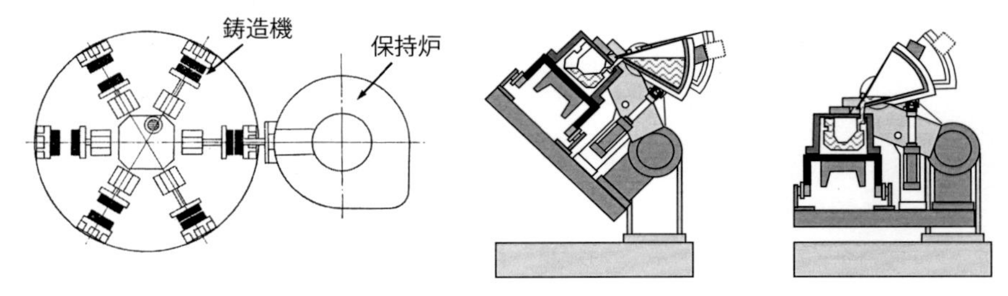

要点 ノート

鋳造作業には、金型の清掃から注湯、離型・製品取出しまでの一連の工程があります。鋳造作業には、手作業で行う場合と機械による自動作業があります。鋳物の大きさ、生産規模などで使い分けします。

鋳造品の鋳仕上げと補修

❶湯口、湯道などの切断作業

金型から取り出した鋳造品には、湯口、湯道、押湯などの製品以外の不要部分があり、これを分離・除去する必要があります。アルミニウム合金の金型鋳造では主に切断によって不要部分を除去します。切断には、手で持てるような小物の鋳造品については**図3-4-1**の帯鋸盤、**図3-4-2**の丸鋸盤などを使用します。また、手で持てないような大物の鋳造品については、**図3-4-3**に示すようなスイング式高速切断機やディスクグラインダが用いられます。

❷仕上げ作業

湯口、湯道、押湯などを除去した切断跡を平滑にしたり、鋳バリ、型分割面のバリを除去したりする作業を仕上げ作業といいます。仕上げ作業は、手で持てる小物の鋳造品は、**図3-4-4**に示すようなベルトサンダ、両頭グラインダなどが用いられます。手に持てないような大物の鋳造品については、スインググラインダやディスクグラインダなどを用います。

❸ショットブラスト

鋳仕上げが終了した鋳造品は、必要に応じてショットブラストによる研掃が行われます。ショットブラストは、スチールショット、スチールワイヤ、ステンレスカットワイヤなどのメディア（研掃材）を高速で回転するインペラにより鋳造品に投射して、その運動エネルギーで研掃する方法です。装置に関しては、第4章第4節で紹介します。

❹溶接補修

アルミニウム合金の鋳造品は、凝固収縮によるひけ巣や凝固時の応力による割れなどの鋳造欠陥を発生することがあります。金型鋳造では、これらの欠陥をグラインダ、あるいは切削で除去した後、溶接で補修することがあります。

アルミニウム合金の溶接には、**図3-4-5**に示すようなイナートガス（不活性ガス）・アーク溶接が用いられます。イナートガスには、高純度のアルゴンガスが使用されます。イナートガス・アーク溶接には、高周波交流電流を使用するTIG（ティグ）溶接と、直流逆極性電流を使うMIG（ミグ）溶接があります。

TIG溶接はタングステン棒を電極とし、母材との間にアークを発生させて溶接部の金属を溶かし、横から溶接棒（溶加材）を挿入して、その先端を溶かしながら補修部分を埋めていく方法です。MIG溶接は、アルミニウムの溶接ワイヤと母材との間にアークを発生させて、母材と一緒に溶接ワイヤを溶かして補修部分を埋めていく方法です。TIG溶接は、溶接速度は遅くなりますが溶接部の品質が良いので10 mm以下の溶接補修に使用され、MIG溶接は、溶接部に気孔が発生しやすいですが溶接速度が速く、溶込みも深いので厚肉部の溶接に適しています。**表3-4-1**に鋳造合金と溶加材の組み合わせ例を示します。

図 3-4-1　帯鋸盤

図 3-4-2　丸鋸盤

（写真提供：㈱コーキ）

図 3-4-3　スイング式高速切断機

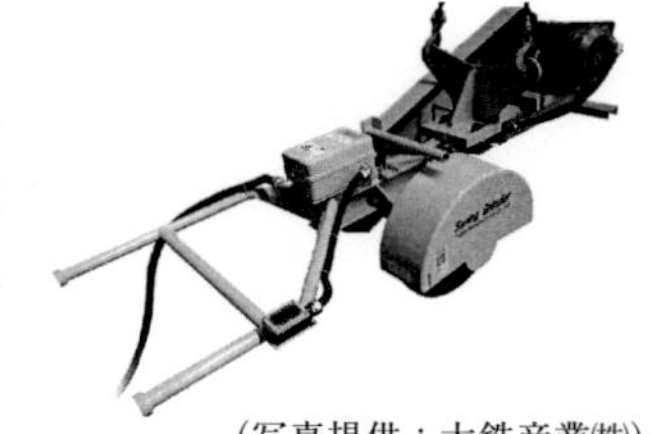

（写真提供：大銑産業㈱）

図 3-4-4　ベルトサンダ

（写真提供：㈱コーキ）

図 3-4-5　TIG 溶接と MIG 溶接

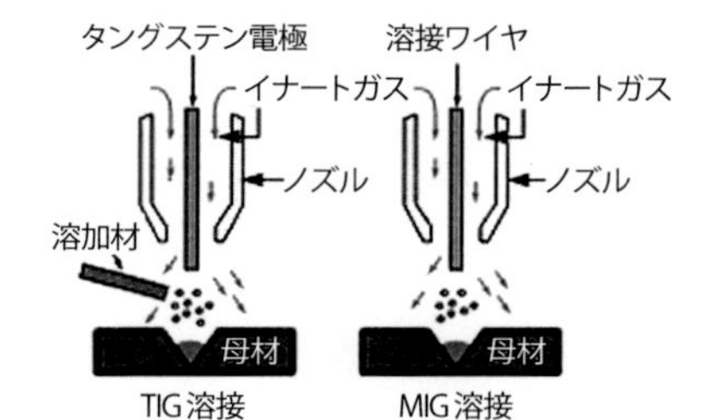

表 3-4-1　鋳造合金と溶加材の組み合わせ

鋳造合金	溶加材
AC1B	4043、4145
AC2A、AC2B	4043、4145
AC3A	4043、4145、AC3A
AC4B	4043、4145、共金
AC4C、AC4CH	4043、4145、共金
AC7A	5356、AC7A
AC8A、AC8B	4043、4145、共金
AC9A、AC9B	4043、4145、共金

要点 ノート

金型から取り出された鋳造品は、不要な部分の切断、仕上げ作業を経て製品となります。ひけ巣や割れなどの鋳造欠陥が発生した場合には溶接などの補修が行われます。

熱処理によって鋳造品の特性を向上

❶熱処理の目的

(1)機械的性質の改善：**図3–4–6**に砂型鋳造、金型鋳造、ダイカストしたアルミニウム合金鋳造品のミクロ組織を示します。金型鋳造は、砂型鋳造に比べて冷却速度が大きいので組織の大きさは微細ですが、同じ金型を用いるダイカストに比較すると金型温度が高いために比較的粗大になります。そこで強度を要求する部品に使用される場合、熱処理によって機械的性質を改善します。

(2)耐食性の向上：アルミニウム合金が凝固する過程で最初に凝固する部分と後から凝固する部分で合金成分の濃度が異なります。この化学成分の不均一を「偏析」といいます。結晶粒内で発生する偏析をミクロ偏析といいます。**図3–4–7**にミクロ偏析の例を示します。ミクロ偏析により耐食性を阻害することがあり、熱処理により均一化することで耐食性を改善します。

(3)残留応力の除去、寸法の安定化：金型内で凝固した鋳造品は、肉厚差や部分的な拘束、あるいは冷却速度の違いにより、室温に冷却されるまでに応力が残ることがあり、これを残留応力といいます。残留応力は鋳造品の使用中に開放されて、鋳造品の寸法が変化することがあります。熱処理により初期の段階でこの残留応力を解消することができます。

❷熱処理の種類

アルミニウム合金の熱処理は、JIS H 0001:1998に「アルミニウム、マグネシウムおよびそれらの合金–質別記号」に規定されています。質別は、製造過

図 3-4-6　アルミニウム合金のミクロ組織の比較

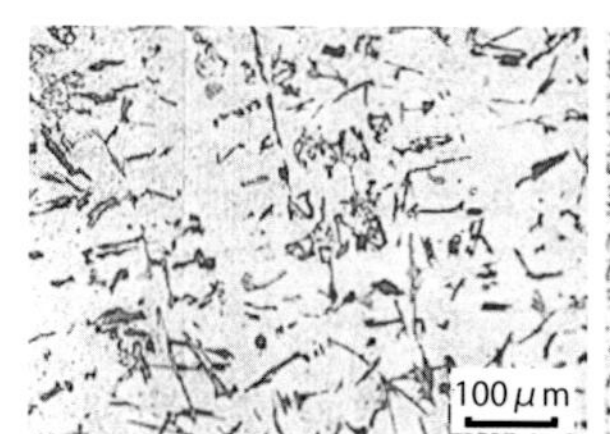

砂型鋳物（AC4B）

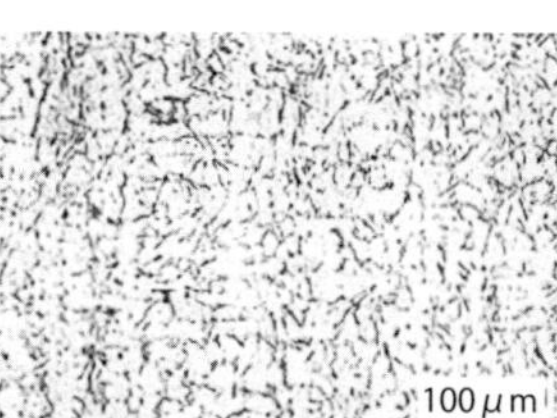

重力金型鋳物（AC4B）

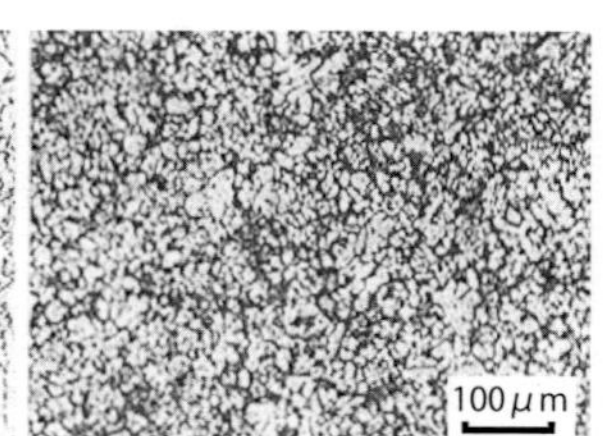

ダイカスト（ADC21）

程における加工・熱処理条件の違いによって得られた、機械的性質の区分のことをいいます。**表3-4-2**にアルミニウム合金に適用される熱処理を示します。

Fは鋳放しのままで、Oは焼なましのみを行うものです。

T4、T6、T7は溶体化処理を行います。**図3-4-8**に示すようなAl-Cu合金の場合、たとえばAl-4％Cu合金は室温でαAl（Cuを固溶したAl）に金属間化合物$CuAl_2$が分散した組織となっていますが、520℃に加熱・保持すると$CuAl_2$がすべてαAlに溶け込んだ均一な状態になり、これを水中に急冷する処理を溶体化処理といいます。溶体化処理後、室温に放置（自然時効）あるいは160～320℃に加熱保持（人工時効）するとαAl中に再びCuが析出してきます。これを時効といいます。この析出の過程で、Alの結晶にひずみが発生して硬さや強さが高い状態になり、これを時効硬化といいます。T5処理は、溶体化処理せずに鋳造したままで時効させるものです。T7処理は、溶体化処理後に人工時効温度より高い温度で時効させ、寸法変化のない安定な状態を得ます。

図3-4-7 Al-4％Cu合金鋳造品のミクロ偏析の例

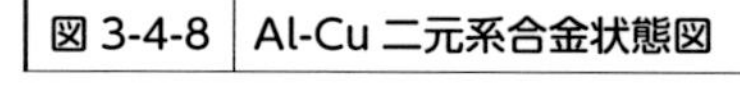

図3-4-8 Al-Cu二元系合金状態図

表3-4-2 アルミニウム合金の熱処理

記号	記号の意味	目的
F	鋳造のまま	―
O	焼なまし	寸法の安定化、残留応力の除去、伸びの向上
T4	溶体化処理後、自然時効したもの	靭性向上、耐食性改善
T5	溶体化処理なしで人工時効のみしたもの	硬さ向上（T6より低い）、寸法の安定化
T6	溶体化処理後、人工時効したもの	強度上昇、硬さ向上
T7	溶体化処理後、人工時効温度より高い温度で安定化処理したもの	寸法の安定化、耐食性改善、T6より靭性高い

要点 ノート

金型鋳造したアルミニウム合金鋳造品に熱処理を行うことで機械的性質や耐食性を向上させることができます。また、鋳造時に発生した残留応力を除去し、寸法を安定させることができます。

コラム

● 金型鋳造特有の欠陥 ●

①肌荒れ（はだあれ）

製品表面や鋳抜き穴の内面の鋳肌の粗さが通常よりもいちじるしく大きいことを「肌荒れ」といいます。発生原因は、抜型しやすいように金型表面の一部や鋳抜ピン表面に、作業中に繰り返し塗型したため、過剰に塗型が付着したことによります。

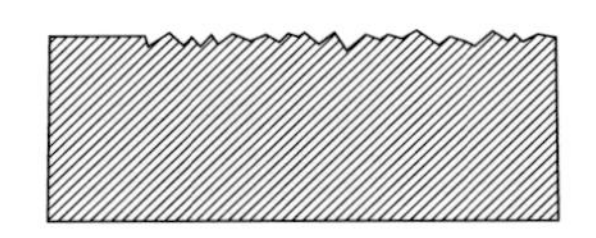

②中子面ひけ巣（なかごめんひけす）

肉厚鋳物の中子に沿って発生する空洞を「中子面ひけ巣」といいます。空洞の内壁は粗く、多くの場合はデンドライト（樹枝状晶）が観察されます。発生原因は、金型部に比べて中子（シェル中子）部分の冷却速度が遅いため最終凝固部となり、押湯が不十分なことによります。

③ピンホール

微細で丸みを帯びた空洞が製品の厚肉部の中心部などに群をなして形成されるものを「ピンホール」もしくは「水素ガスポロシティ」といいます。発生原因は溶湯中に吸収された水素が凝固時に過飽和になり、溶湯から排出されて水素ガス気泡となったことによります。

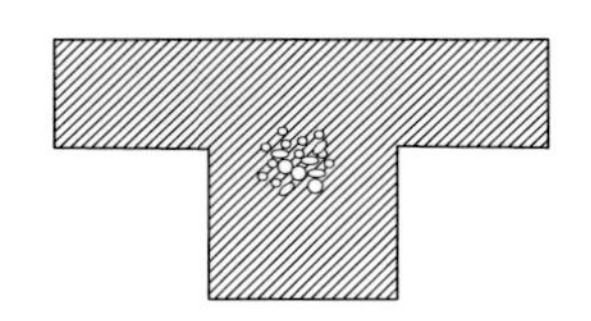

④粗晶（そしょう）

せきの近くで粗い結晶と微細な巣を伴う一種の異常組織となっている状態を「粗晶」といいます。発生原因は、せきの断面積が大きく、せきの付け根付近が最終凝固部となるために正常部と比較して結晶が粗くなることによります。

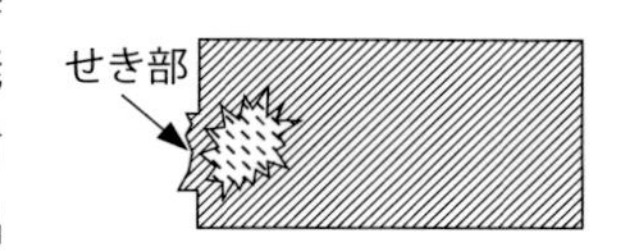

【第4章】

ダイカストの実際

ダイカスト金型の構造とその材料

❶ダイカスト用金型

ダイカスト金型の機能には、形状付与、熱抽出、製品排出の3つがあります。形状付与機能は、ダイカストの製品形状を決めるもので、金型に製品形状および鋳造方案が彫り込まれています。熱抽出機能は、金型キャビティに充填された溶湯の顕熱・潜熱を抽出して、凝固・冷却します。排出機能は、冷却された製品を金型から排出する役割です。

❷ダイカスト金型の構造

図4-1-1にダイカスト金型の主要な部品とその名称の例を示します。また、**表4-1-1**にダイカスト金型の主要な部品とその役割、および材質を示します。ダイカストの金型構造は、固定型、可動型で構成されます。固定型には、溶湯を金型キャビティに導くための鋳込み口ブッシュが取り付けられています。可動型には、製品を金型から排出するための押出ピンが設けられます。

固定型および可動型は、それぞれ入子とおも型で構成されます。入子は、製品となるキャビティを構成します。図4-1-1は、固定型と可動型で構成される単純な金型ですが、金型の移動方向に対して平行に抜けない形状（アンダーカットといいます）がある場合には引抜中子が使用されます。引抜中子は、一般的にコアプラーや傾斜ピンなどで動作させます。**図4-1-2**にコアプラーの例を示します。コアプラーは、ダイカストマシンの油圧回路と連結して、油圧シリンダと連結した中子を金型の中に出し入れします。入子や引抜中子は、直接に高温の溶湯と接するために耐熱性のあるSKD61などの熱間工具鋼やその改良材が使用されます。おも型は、直接溶湯が接しないのでS45C～S50Cなどの炭素鋼や、SC450～SC480などの鋳鋼、FCD450～FCD600などの鋳鉄などが用いられます。

金型を構成する部品には、上記のほかに可動型をダイカストマシンの可動盤に取り付けるダイベース、固定型と可動型の位置合わせをするガイドピン、ガイドピンブッシュ、ダイカストを金型から押し出すための押出プレート、および押出ピン、押出プレートを引き戻すリターンピンなどがあります。

入子には、金型キャビティに充填された鋳造合金からの熱を抽出して金型の温度を一定に保つための冷却回路が設けられています。

製品の端部には、金型キャビティに流入した溶湯内の酸化物、チップ潤滑剤や離型剤の残さや、ガスを製品外に排出するためにオーバーフローが設置されます。金型キャビティの空気やガスを金型の外に排出するためにオーバーフロー先端にエアベントが設置されます。

図 4-1-1 ダイカスト金型の構造の例

図 4-1-2 引抜中子を駆動するコアプラー [2)]

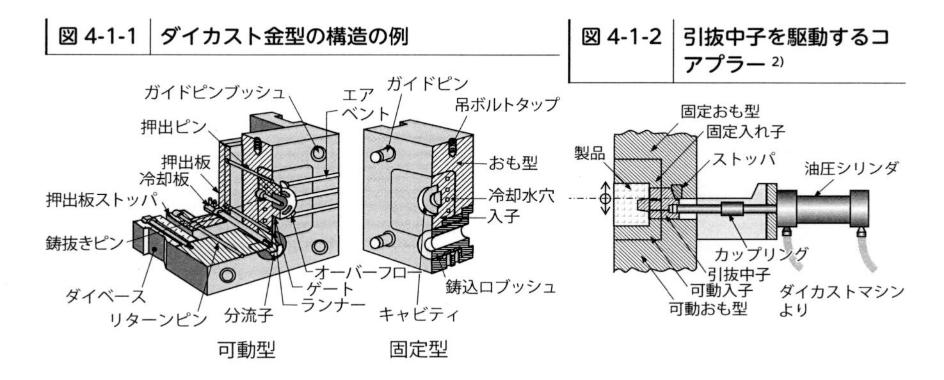

表 4-1-1 金型の主要な部品と役割

金型部品	役割	材質
おも型	入子などをはめ込み、金型をダイカストマシンに保持する	FCD450、500、550、SC460、490、SCCrM1、3
入子	製品部（キャビティ）を構成する	SKD6、61
引抜中子	製品部のアンダーカットを形成する	
鋳抜きピン	製品の凹部や鋳抜き穴を形成する	
ダイベース	可動型をダイカストマシンの可動盤に取り付ける	S35C、S40C、S45C、FC250
ガイドピン、ガイドピンブッシュ	固定型と可動型の位置を合わせる	SKS2、3、SK3、4、5、SCM435、440、SUJ2
押出ピン	ダイカストを金型から押し出す	SKD6、61、SKS2、3、SKH2、SACM1
押出板		S55C、SS330、SS400
リターンピン	押出板を引き戻す	SK120、105、95、85、SKS2、3、SUJ2
冷却管	金型を冷却する	SKD6、61

要点 ノート

ダイカスト金型は、鋳造合金、ダイカストマシンと並んで、ダイカスト生産の3要素と呼ばれます。特に、金型はダイカスト製品の品質の7割を左右するといわれ、特に重要な要素です。

ダイカスト金型の熱処理・表面処理

❶熱処理

溶湯と直接接する入子は、適切な機械的特性を与えるために焼入れ・焼戻しを行います。**図4-1-3**に焼入れ・焼戻し工程の模式図を示します。SKD61は、熱伝導率が低いので金型表面と中心部で温度差が出やすく、500℃付近と800℃付近の2段階で徐々に加熱します。焼入温度は1020℃程度です。焼入れで生成するマルテンサイトは硬くて脆いため、焼戻しを行います。550℃程度での一次焼戻しにより、残留オーステナイトのマルテンサイト化を行い、二次焼戻しにより目標の硬さに調節します。**図4-1-4**に焼入れ・焼戻ししたSKD61の金属顕微鏡組織を示します。

❷表面処理

表面処理には、**表4-1-2**のような拡散処理、コーティングなどが行われます。

拡散処理は、母材表面に各種元素を拡散・浸透させることによって母材表面の内側に硬化層を形成する方法で、ダイカスト金型では窒化処理が一般的に用いられています。窒化処理は、窒素原子を金型表面に拡散浸透することによって、表面に硬化層を生成する方法で、処理温度が500～600℃で金型材のA_3変態（共析変態）点以下であるため、ひずみや変形が少ないことが特徴です。**図4-1-5**に窒化層の金属顕微鏡組織を示します。金型の最表面には白層と呼ばれる化合物層（ε-$Fe_{2\text{-}3}N$）が生成し、その下部には窒素の拡散層（Fe_4N）が生成されます。白層は、溶融アルミニウムに侵食され難いですが、靭性が低いためヒートチェックなどのクラックを発生しやすいので、目的によって白層の有無や拡散層の厚さを制御する処理法、処理条件を選択する必要があります。

コーティングは、鋳造合金との反応性が少なく、硬質で熱安定性の良いサーメット系の被膜を金型表面に形成させる方法で、PVD（物理的蒸着法）、CVD（化学的蒸着法）、プラズマCVD（PCVD）法などがあります。CVDは処理温度が1000℃程度と高いため、被処理材が変形しやすい問題があります。PVDは処理温度が低いため被処理材の変形が起こりにくくなります。PCVDは、原理的にはCVDと同様ですが、反応にプラズマを用いるので処理温度が500℃程度で被処理材の変形が少なく、密着性も優れています。

図 4-1-3　焼入れ・焼戻し工程の例

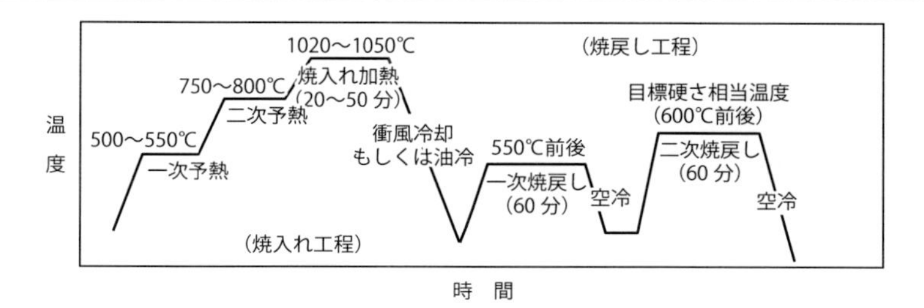

図 4-1-4　焼入れ・焼戻ししたSKD61の金属顕微鏡組織

（写真提供：日立金属㈱）

図 4-1-5　窒化層の例

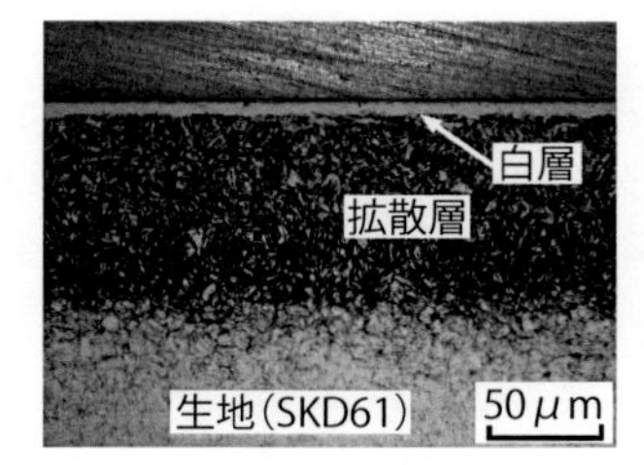

（写真提供：オリエンタルエンヂニアリング㈱）

表 4-1-2　表面処理方法の種類

区分	処理法	目的					適用部位			留意点	
		耐焼き付き性	耐かじり性	耐溶損性	耐ヒートチェック性	耐摩耗性	入子	鋳抜きピン	鋳込みブッシュ	耐剥離性	処理時の耐変形性
拡散処理	ガス窒化	○			○	○	○	○	○	○	○
	塩浴窒化			○	○	○	○	○	○	○	○
	イオン窒化	○			○	○	○	○	○	○	○
	ラジカル窒化	○			○	○	○	○		○	○
	軟窒化	○		○	○	○	○	○		○	○
	浸流窒化	○	○	○		○	○	○		○	○
	浸硫	○	○	○		○		○		○	
	浸硼		○	○		○		○			
	クロマイジング	○	○	○		○		○			
	TDR（高温）	○	○	○		○		○		○	
	TDR（低温）	○	○	○		○	○	○		○	○
コーティング	PVD	○	○	○		○	○	○			○
	CVD	○	○	○		○		○		○	
	PCVD	○	○	○		○	○	○		○	○
	酸化皮膜処理	○		○			○	○		○	○
	放電被覆処理			○		○	○				○

○：適した処理

要点　ノート

過酷な鋳造条件にさらされる金型の寿命を伸ばすために、ダイカスト金型は焼入れ・焼戻しといった熱処理や窒化処理やサーメット系の表面処理が行われます。

ダイカストの鋳造方案はどのように設定するか

❶ダイカストの鋳造方案

図4-1-6に簡単な製品形状の鋳造方案とその名称を示します。ダイカストの鋳造方案は、ランナー、フィード、ランド、ゲート、オーバーフロー、エアベントで構成されます。

❷ランナー

ランナーは、鋳込み口から製品部までの溶融金属が流れる通路で、**図4-1-7**に示すように幅は厚さの1.6～4倍が一般的です。ランナーの断面積はゲート断面積の1.25～3倍程度が必要とされます。ランナーは、急激な角度変化、断面積変化は極力避ける必要があります。

❸ゲート

図4-1-8にランナー部、ゲート部の名称を示します。ゲートは、ランナーから製品部に溶湯が流入する部分のことをいいます。ランナーからゲートまでをつなぐ部分は、ゲートランナーと呼ばれフィード、ランド、ゲートで構成されます。フィードはランナーとランド部を結ぶ部分、ランドはフィードからゲートまでを結ぶ部分で両者の形状が金型キャビティ内の流れに大きく影響します。フィード角度が大きく急激に断面積が絞られ、ランドが短いといちじるしく流れが乱れて噴霧状にキャビティに流入し、ランド長さが長いと渦巻き状に流入します。フィード角度が小さく、ランドが長いと連続して安定に流入します。

ゲートの形状には**図4-1-9**に示すようなパッドゲート、サイドゲート、エンドゲート、スプリットゲートなどの種類があり、製品形状や仕上げ方法に応じて使い分けます。エンドゲートが一般的で、製品端面を加工で仕上げる場合に用いられます。ゲートの厚さはアルミニウム合金で0.5～4.0 mm、亜鉛合金で0.3～1.0 mmが一般的に用いられます。

❹オーバーフロー

オーバーフローは、最初にキャビティに流入した汚れた溶融金属やガスを製品外に排出する部分であり、最終充填部や流れのよどむ場所などに設置されます。また、金型温度が低い場所に保温のために設置する場合もあります。オーバーフローゲートの断面積は、ゲート断面積の60～75％以上が望ましいとされます。オーバーフローの幅は15～50 mm、厚さは製品の大きさにより異なり小物では3.5～6 mm程度が一般的に用いられ、大物では10 mm以上になることもあります。オーバーフローの総体積は、製品肉厚によって異なり、肉厚1～2 mmでは製品体積の50～75％、2～3 mmでは25～50％、それ以上の肉厚では20％を目安とします。

❺エアベント

エアベントは、金型キャビティの空気やガスを金型の外に排出するために設置され、通常はオーバーフローと一対で設置されます。エアベントの断面積はゲート断面積の50％以上が望ましいとされ、溶融金属が金型から飛散するのを防止するためにその厚さは通常0.1～0.2 mmがよいとされます。

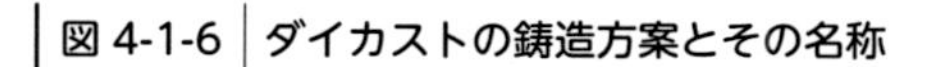

図 4-1-6 ダイカストの鋳造方案とその名称

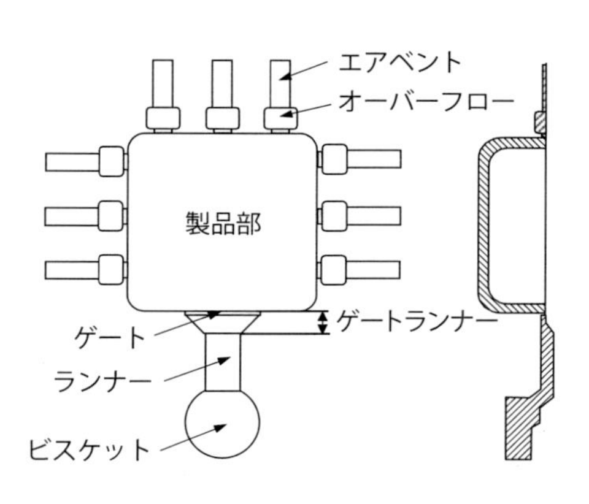

図 4-1-7 ランナー断面形状

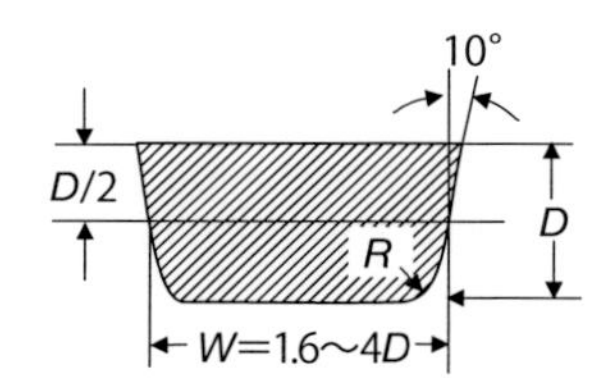

図 4-1-8 ランナー部、ゲート部の名称

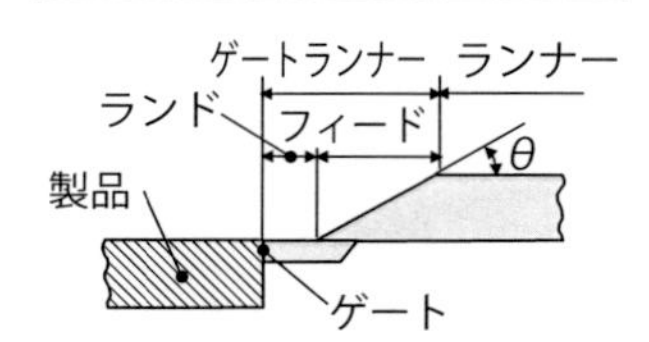

図 4-1-9 ゲートの形状

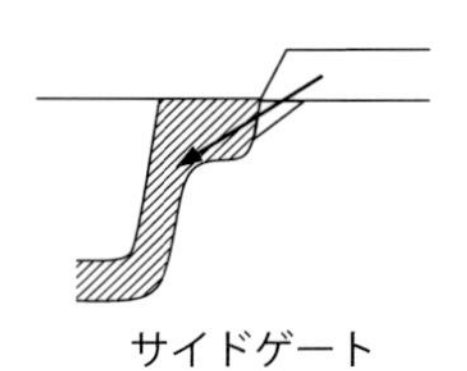

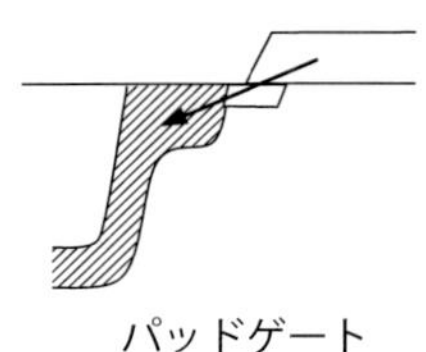

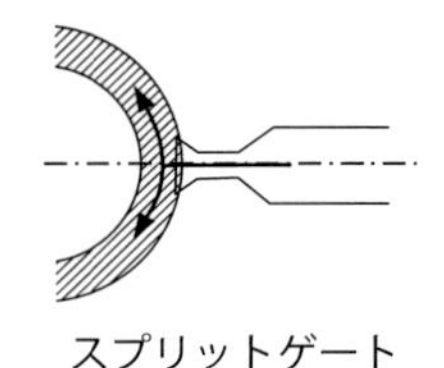

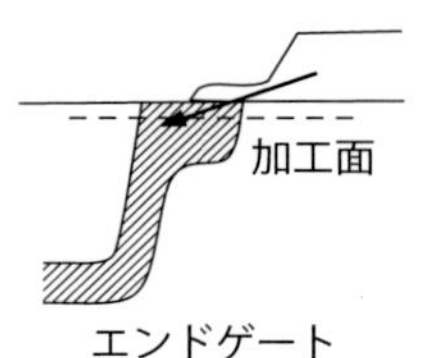

要点 ノート

ダイカストの鋳造作業の前に、適切な鋳造方案であるか確認する必要があります。もし、不適切な箇所があれば事前に修正をしておかないと鋳造時にトラブルを発生したり、製品に不具合を発生したりする可能性があります。

ダイカストマシンの構造と種類を理解する

❶ダイカストマシンの構造

図4-1-10にダイカストマシンの構造の模式図を示します。

射出機構には、アキュムレータと呼ばれる蓄圧装置が用いられます。アキュムレータは、高圧の窒素ガスを封入した容器内に1サイクル中の動作の停止時間を利用してエネルギーを蓄積し、溶融金属の射出時に大容量の作動油を瞬間的に射出シリンダに流出させることができます。その結果、射出シリンダは高速で移動することができ、100 ms以下の短時間で溶湯を金型キャビティに充填できます。

金型キャビティの溶湯に伝達された圧力は、**図4-1-11**に示すようにパスカルの原理により均等に作用して金型を押し開く力（これを型開力といいます）となります。この型開力に打ち勝って金型を締め付ける力（これを型締力といいます）は、型開力より大きくなくてはなりません。ダイカストマシンの大きさはこの型締力で表され、最大型締力が3500 kNであれば、その大きさは型締力3500 kN（通常は350トンと呼ばれます）ということになります。

❷ダイカストマシンの種類

ダイカストマシンは、**図4-1-12**に示すように射出部の方式によってコールドチャンバとホットチャンバに分けられます。ホットチャンバマシンは、溶湯保持炉とダイカストマシンが一体となっており、グースネックと呼ばれる加圧室（チャンバ）が溶融金属中にあり、加熱されています。給湯する必要がないので、鋳造サイクルが早く、時間当たりのショット数（鋳造回数）は100～1000程度です。

コールドチャンバマシンは、溶湯保持炉とダイカストマシンが分離されており、射出部が冷えていることからコールドチャンバと呼ばれています。溶融金属は1ショットごとに給湯機で射出部に供給され、射出プランジャを移動させて金型に射出・充填されます。通常、射出プランジャの速度は低速と高速の2段階で設定され、低速速度は0.3 m/s程度で、高速速度は1～3 m/s程度です。時間当たりのショット数は30～200程度になります。また、鋳造圧力は50～120 MPaでホットチャンバに比較して高い圧力がかけられます。

図 4-1-10　ダイカストマシンの構造の模式図

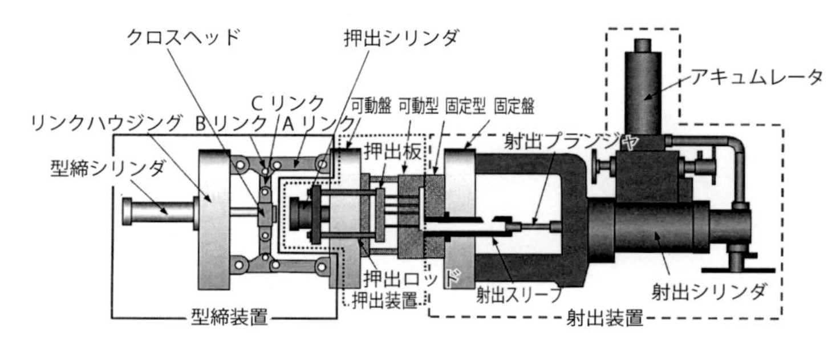

図 4-1-11　金型部断面の模式図

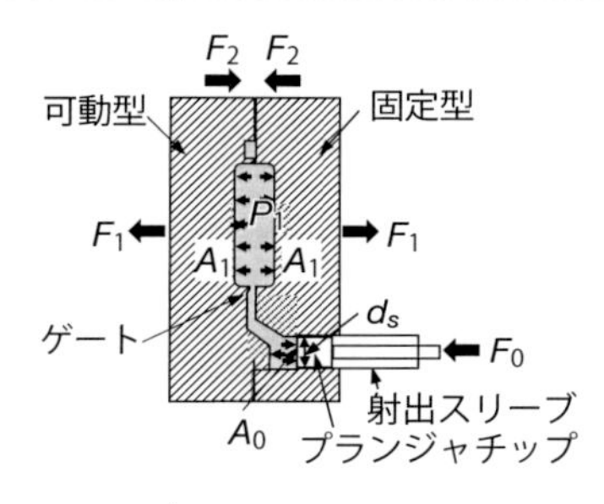

$$P_1=\left(\frac{F_0}{A_0}\right)=\left(\frac{4F_0}{\pi d^2}\right)$$

P_1：鋳造圧力〔MPa〕、F_0：射出力〔kN〕
A_0：射出プランジャチップ断面積〔m^2〕
d：射出プランジャチップ径

$F_1=P_1A_1<F_2$

F_1：型開力〔kN〕、A_1：鋳造面積〔投影面積〕〔m^2〕
F_2：型締力〔kN〕

$F_2=SF_1$

S：安全率＝1.2〜1.5

図 4-1-12　ダイカストマシンの種類

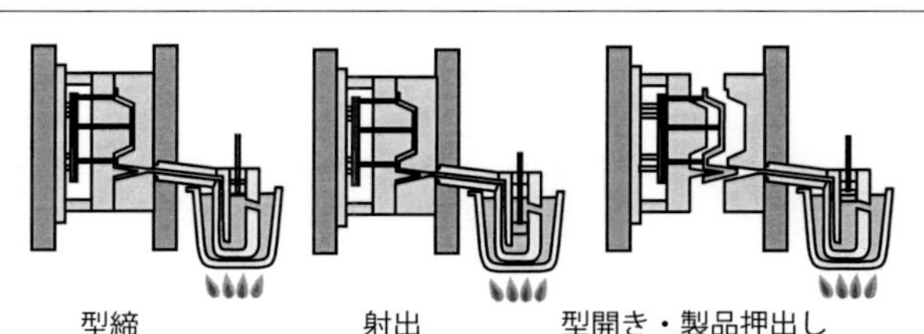

ホットチャンバ・ダイカストマシンの動作

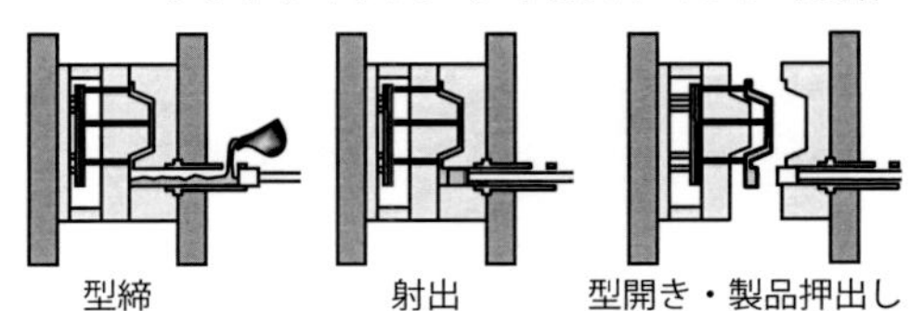

コールドチャンバ・ダイカストマシンの動作

要点 ノート

ダイカストマシンは、アキュムレータという蓄圧装置を用いることで溶融金属を金型キャビティに短時間に射出・充填し、高圧力を加えて短時間に凝固させることができます。

ダイカストにはどんな合金が使われるか

❶アルミニウム合金ダイカスト

アルミニウム合金ダイカストは、軽量で耐食性に優れ、経年寸法変化が少ないことからダイカスト合金の中ではもっとも多く用いられ、ダイカスト合金全体の約95％以上を占めています。ダイカスト用のアルミニウム合金地金は、JIS H 2118:2006に、アルミニウム合金ダイカスト（製品規格）はJIS H 5302:2006に規定されています。**表4-1-3**に主なアルミニウム合金ダイカストの種類と用途例を示します。アルミニウム合金は、大きく分けてAl-Si系合金およびAl-Mg系合金の2種類があります。日本で現在使用されているアルミニウム合金ダイカストは、ADC12が約95％を占めています。

❷亜鉛合金ダイカスト

亜鉛合金ダイカストは、薄肉で複雑な形状の鋳物が製造可能で、寸法精度が高く、優れた機械的性質、特に衝撃値が高く、めっきなどの表面処理性にも優れています。ダイカスト用亜鉛合金地金はJIS H 2201:1999に、亜鉛合金ダイカスト（製品規格）はJIS H 5301:1990に規定されています。**表4-1-4**に示すようにJISにはZn-Al-Cu系とZn-Al系の2種類が規定されいますが、使用されている合金の多くがZDC2です。亜鉛合金ダイカストを使用するうえで注意しなければならないのが粒間腐食です。粒間腐食は、Alを含む亜鉛合金でかつPb、Cd、Snなどの不純物が多い場合に、湿潤な雰囲気の大気中に長時間おかれた際に、結晶粒界部で腐食が進行し、割れが発生する現象です。

❸マグネシウム合金ダイカスト

マグネシウム合金ダイカストは、比重が約1.8と非常に小さいことが特徴です。ダイカスト用マグネシウム合金地金はJIS H 2222:2006に、マグネシウム合金ダイカスト（製品規格）は、JIS H 5303:2006に規定されています。**表4-1-5**に主なマグネシウム合金ダイカストの種類、および用途を示します。マグネシウム合金ダイカストは大きく3種類に分類され、一般的に広く使用されているMDC1D（AZ91D）などのMg-Al-Zn系合金、伸びの大きいMDC2B（AM60B）などのMg-Al-Mn系合金、耐熱性に優れたMDC3B（AS41B）のようなMg-Al-Si系合金があります。

表4-1-3 主なアルミニウム合金ダイカストの種類と用途

種類	記号	合金系	特徴	使用部品例
アルミニウム合金ダイカスト1種	ADC1	Al-Si系	耐食性、鋳造性は良いが耐力はやや低い	自動車メインフレーム、フロントパネル、自動製パン器内釜
アルミニウム合金ダイカスト3種	ADC3	Al-Si-Mg系	衝撃値と耐食性が良いが、鋳造性が良くない	自動車ホイールキャップ、二輪車クランクケース、自転車ホイール、船外機プロペラ
アルミニウム合金ダイカスト5種	ADC5	Al-Mg系	耐食性が最良で、伸び・衝撃値が高いが鋳造性が良くない	農機具アーム、船外機プロペラ、釣具レバー、スプール(糸巻き)
アルミニウム合金ダイカスト6種	ADC6	Al-Mg-Mn系	耐食性はADC5に近く、鋳造性がADC5より優れるがAl-Si系に比べると劣る	二輪車ハンドレバー、ウインカーホルダー、ウォータポンプ、船外機プロペラ・ケース
アルミニウム合金ダイカスト10種	ADC10	Al-Si-Cu系	機械的性質、被削性および鋳造性が良い	シリンダブロック、トランスミッションケース、シリンダヘッドカバー、カメラ本体、ハードディスクケース、電動工具、床板、エスカレータ、その他アルミニウム製品のほとんど
アルミニウム合金ダイカスト12種	ADC12	Al-Si-Cu系	ADC10と同様で経済性・鋳造性に優れる	
アルミニウム合金ダイカスト14種	ADC14	Al-Si-Cu-Mg系	耐摩耗性に優れるが伸びは良くない	カーエアコンシリンダブロック、ハウジングクラッチ、シフトフォーク

表4-1-4 亜鉛合金ダイカストの種類と用途

種類	記号	合金系	特徴	使用部品例
亜鉛合金ダイカスト1種	ZDC1	Zn-Al-Cu系	機械的性質および耐食性が優れている	ステアリングロック、シートベルト巻取金具、ビデオ用ギヤ、ファスナつまみ
亜鉛合金ダイカスト2種	ZDC2	Zn-Al系	鋳造性およびめっき性が優れている	自動車ラジエタグリルカバー、モール、自動車ドアハンドル、ドアレバー、PCコネクタ、自動販売機ハンドル、業務用冷蔵庫ドアハンドル

表4-1-5 主なマグネシウム合金ダイカストの種類と用途

種類	JIS記号	ASTM相当合金	合金の特色	使用部品例
マグネシウム合金ダイカスト1種D	MDC1D	AZ91D	耐食性に優れる	チェーンソー、ビデオ機器、音響機器、スポーツ用品、自動車、OA機器、コンピュータなどの部品、その他
マグネシウム合金ダイカスト2種B	MDC2B	AM60B	伸びと靭性に優れる。鋳造性がやや劣る	自動車部品、スポーツ用品
マグネシウム合金ダイカスト3種B	MDC3B	AS41B	高温強度が良い。鋳造性がやや劣る	自動車エンジン部品
マグネシウム合金ダイカスト4種	MDC4	AM50A	伸びと靭性に優れる。鋳造性がやや劣る	自動車部品、スポーツ用品

要点 ノート

現在使用されているダイカスト合金には、アルミニウム合金、亜鉛合金、マグネシウム合金があり、それぞれ地金規格と製品規格がJISに規定されています。規格には合金の化学成分および組成が規定されているので、厳守しなければなりません。

ダイカストの潤滑剤・離型剤の選定

❶プランジャチップ潤滑剤

プランジャチップ潤滑剤（ホットチャンバマシンでは、使用しません）は、プランジャチップが安定して摺動するために、毎ショット塗布します。プランジャチップ潤滑剤は、**表4-1-6**に示すような種類があり、油性潤滑剤と水溶性潤滑剤があります。油性潤滑剤は、射出スリーブ注湯口からスリーブ内または射出スリーブから外に出たプランジャチップ面に滴下して塗布します。水溶性潤滑剤は、スリーブ手前でエアと潤滑剤をミキシングしてスリーブ内にスプレー塗布します。チップ潤滑剤の塗布量が多いと、スリーブに注湯した溶湯内に潤滑剤や気化したガスが混入して、湯じわ、ガス欠陥、変色などの原因になったりすることがあるので必要最小限にとどめることが大切です。

❷離型剤

金型への離型剤塗布は、必要不可欠な工程の1つです（**表4-1-7**）。離型剤は、ダイカスト金型に塗布することでその表面に被膜を形成し、金型キャビティに射出・充填された溶融合金と金型が直接に接触することを妨げ、焼付きや溶損を防止することと、ダイカストを金型から離型する際の離型抵抗を低減することが主な役割・機能です。

離型剤には**表4-1-8**に示すような種類があります。油性、水溶性、その他（粉体）などがあります。現在広く使用されている離型剤は水溶性離型剤で、エマルジョンタイプ、ディスパージョンタイプ、無機コロイダルタイプに分かれます。エマルジョンタイプの離型剤は、アルミニウム合金ダイカストでもっとも多く使用されており、鉱物油、油脂、ワックス、シリコンオイルを用途に応じて組み合わせています。鉱物油、油脂は低温域での付着・潤滑性、ワックスは低～中温域での付着・潤滑性、シリコンオイルは高温域での付着・耐熱性にそれぞれ作用しています。また、上記添加剤成分を乳化させるために界面活性剤が添加されています。

ディスパージョンタイプ離型剤は、エマルジョンタイプ離型剤に黒鉛などの無機粉体を添加したもので、耐熱性・潤滑性に優れ、離型効果、耐焼付き効果を要求する場合に使用します。無機コロイダルタイプは黒鉛、マイカ、タルクなどの固体潤滑剤を分散させたもので、断熱・保温性に優れており、層流ダイカストやスクイズダイカストなどの低速射出ダイカストの生産に適しています。

表 4-1-6 プランジャチップ潤滑剤の種類

分類	種類		成分	用途・特徴
油性	白色系		鉱物・植物油、白色系固体潤滑剤	貯蔵安定性が悪い
	黒色系		鉱物・植物油、黒鉛	潤滑性良好、大型ダイカストマシン用
水溶性	O/W型(oil in water)	白色系	鉱物・植物・ワックス、界面活性剤	中・小型ダイカストマシン用 発火の危険性回避
		黒色系	鉱物・植物・ワックス、黒鉛、界面活性剤	中・小型ダイカストマシン用 発火の危険性回避
	W/O型(water in oil)		鉱物・植物・ワックス、界面活性剤	油分量が多い、大型ダイカストマシン用
固形	粉体		ワックス、パラフィン、ポリエチレン、タルク、黒鉛	小～中型ダイカストマシン用 断熱効果
	顆粒状		ワックス、パラフィン、ポリエチレン	粒径が0.1～1 mm

表 4-1-7 離型剤塗布方式

方式		メリット	デメリット
手動	ハンドスプレー	・設備が簡易 ・必要な箇所に必要な量塗布可能	・サイクルタイムが長い ・熟練を要する
自動	固定スプレー	・設備が簡易 ・スプレー時間が短い ・小さな金型に適する	・必要な箇所に必要な量塗布できない
	カセット式スプレー	・金型全体にスプレーできる ・スプレー時間が短い ・段取りに時間がかかる	・大量塗布による不要箇所へのスプレーがある ・金型への堆積が多い ・段取り時間が長い
	ロボット式スプレー	・必要な箇所に必要な量塗布可能 ・金型の形状に沿った塗布ができる ・段取り時間を短縮できる	・サイクルタイムが長い ・ノズルつまりが発生しやすい ・高度な技術が必要

表 4-1-8 離型剤の種類と用途・特徴

分類	種類	成分	用途・特徴
油性	油性離型剤	鉱物・植物・合成油、高分子化合物	主に亜鉛合金に使用、灯油などで希釈
	油性＋固体潤滑剤	鉱物・植物・合成油、高分子化合物、固体潤滑剤(アルミニウム粉末、黒鉛など)	焼付き防止、捨打ち時に使用
	原液塗布油性離型剤	シリコンオイル、鉱物・植物油、添加剤	原液の極少量塗布によりサイクルタイムの短縮、製品品質が向上
水溶性	エマルジョンタイプ	鉱物・植物・合成油、高分子化合物、シリコンオイル、界面活性剤、水	アルミニウムダイカストで一般的に使用
	ディスパージョンタイプ	鉱物・植物・合成油、高分子化合物、シリコンオイル、界面活性剤、固体潤滑剤(黒鉛など)、水	離型効果、耐焼付き効果が特に必要な場合に使用
	無機コロイダル	固体潤滑剤(黒鉛、窒化ほう素、マイカ、タルクなど)、分散剤、水	層流充填・スクイズダイカストなどに使用
その他	粉体離型剤	固体潤滑剤(マイカ、タルクなど)、ワックス	金型を閉じたまま粉末状の離型剤を塗布、湯流れ性が向上

要点 ノート

ダイカストの潤滑剤・離型剤は、連続的に安定して生産するには必要不可欠ですが、適切な使用量にしないとダイカストの品質を損なったり金型寿命を短くする可能性があるので注意しなければなりません。

アルミニウム合金の溶解作業

❶原材料

ダイカストマシンに溶湯を供給するために、鋳造合金を溶解します。**図4-2-1**に原材料の種類と溶解工程の概略を示します。溶解する材料には、合金地金、ビスケット、ランナー、オーバーフローなどのリターン材、切粉、不良品などがあります。合金地金には、純アルミニウムや純銅などから溶製した新塊（一次地金）とスクラップから溶製した再生塊（二次地金）がありますが、9割程度が再生塊を用います。リターン材や切粉などの配合量は通常60％以内とすることが望ましいとされます。切粉は酸化損耗しやすいので、切削油などの付着物を十分に除去し、できればプレス成形して溶解します。

溶解炉に原料を投入する際には水蒸気爆発を防ぐため、十分に予熱（120℃以上）する必要があります。

❷溶　解

合金の溶解は、ダイカストマシンと離れた場所で工場内にて使用する溶湯をすべて1箇所で溶解する集中溶解方式と、ダイカストマシンの横に設置して、溶解と保持を兼ねる溶解保持炉とがあります。

図4-2-2に集中溶解に使用されるタワー式急速溶解炉の例を示します。原料を上部から投入し、炉の廃熱により予熱・溶解します。溶湯は、取鍋（とりべ）を用いてダイカストマシンに近接した保持炉に供給されます。これをホットチャージといい、保持炉の溶湯の温度変動を少なくできます。

保持炉は、ダイカストマシンに近接して設置され、溶解の必要がなく保温のみの機能であるため熱容量は小さくてすみます。保持炉には、るつぼ炉、反射炉、浸漬ヒータ型保持炉などがあります。**図4-2-3**にるつぼ炉の例を示します。るつぼ炉は、るつぼを周囲から加熱するため、熱効率は劣りますが、溶湯品質に優れるのが特徴です。

図4-2-4にダイカストマシンに隣接して設置する溶解兼保持炉を示します。炉には溶解室、保持室、汲出し室（出湯口）を備えており、溶湯運搬が不要で、さまざまな合金種の溶解や少量生産に対応できます。

❸溶解条件

溶解は一般にADC12では750～800 ℃で行われます。リターン材などの原材料表面の酸化膜を分離させるためには、750 ℃以上にすることが望ましいですが、溶解温度が800 ℃を超えると、アルミニウム合金溶湯が急激に酸化したり、水素ガスを吸収しやすくなるので、750 ℃以上に長時間保持することは避けます。

図 4-2-1 原材料の種類と溶解工程の概略

図 4-2-2 タワー式急速溶解炉

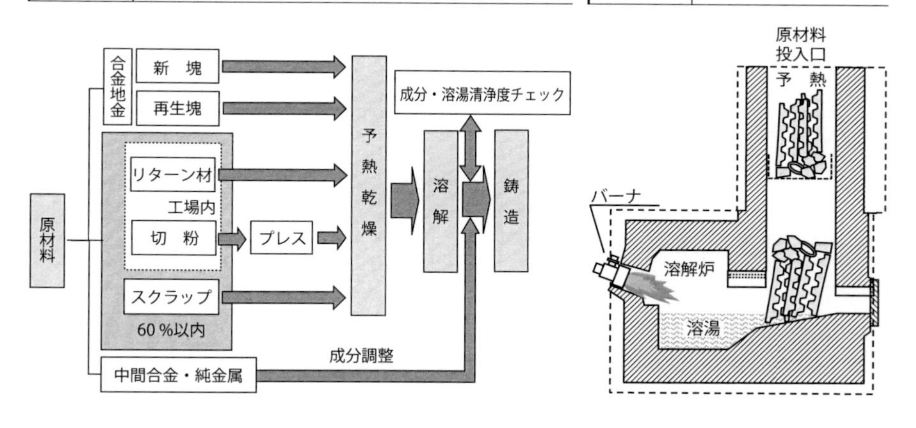

図 4-2-3 ガス黒鉛るつぼ炉

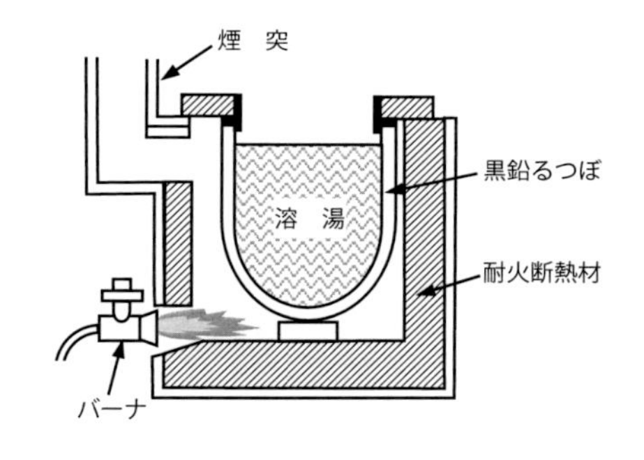

図 4-2-4 溶解兼保持炉

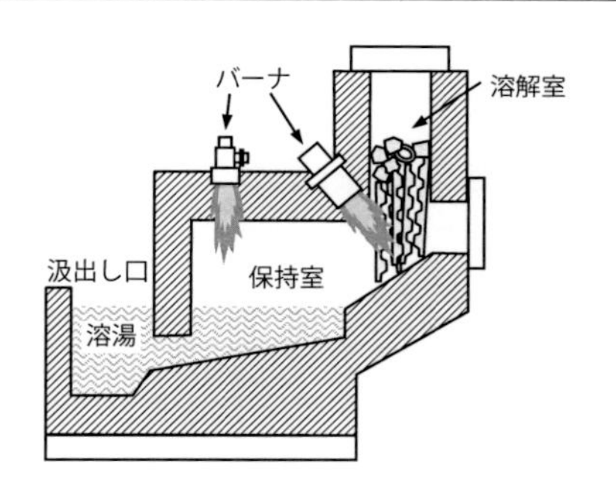

要点 ノート

ダイカスト工場でのアルミニウム合金の溶解には、合金地金とリターン材が用いられます。リターン材は酸化物や不純物の混入を招くため、溶解量の60 %以内とし、溶湯の品質を確保します。

亜鉛合金・マグネシウム合金の溶解

❶亜鉛合金の溶解

亜鉛合金は、ダイカスト用亜鉛合金地金とスプルー、ランナー、オーバフロー、不良品などのリターン材を使用します。リターン材の配合率はアルミニウム合金と同様に60％以内にすることが望ましいとされます。また、亜鉛合金ダイカストは、めっき、塗装、インサートなどがよく行われるため、そのリターン材には注意を払う必要があります。

溶解炉は、るつぼ炉が多く用いられ、熱源はガス、電気、灯油、重油などが用いられます。溶解方式は、工場の一角に設けられた専用の溶解炉で溶解する集中溶解方式とホットチャンバマシンと一体となった保持炉で溶解しながら鋳造する手元溶解方式があります。

亜鉛合金の溶解に使用する溶解鍋は、**図4-2-5**に示すようなるつぼ状および平鍋状のものが用いられ、材質は黒鉛系や耐熱ミーハナイト、球状黒鉛鋳鉄、耐熱鋳鋼などの鉄系の鋳物が用いられます。溶解鍋の内側には、Alによる侵食を防止するため、アルミナイズド処理（溶融Alとの反応によって耐溶損性に優れた金属間化合物を表面に形成する処理）や塗型などを施します。

溶解温度は、420～450℃の範囲が望ましく、450℃を超えると鉄鍋からのFeが溶湯中で増加したり、合金成分中のMgの酸化減耗が起こったりしやすくなります。

❷マグネシウム合金の溶解

マグネシウム合金は、Fe、Ni、Cuなどの元素が少しでも含まれるといちじるしく耐食性が阻害されるので、成分の明確な地金を使用します。リターン材の使用は、FeやSi量が多くなりやすく、繰り返して使用するとAlやBeなどが酸化減耗するのでその配合比率は低く抑えることが必要です。

溶融状態のマグネシウム合金は、酸素と反応して白熱して激しく燃焼します。したがって、N_2、CO_2、乾燥空気の混合ガスをキャリアとしたSF_6ガスの雰囲気で溶解します。ただし、SF_6は地球温暖化係数が大きいため、現在では代替ガスとして、乾燥空気とSO_2の混合ガス、ふっ化ケトン、HFC-134a（1,1,1,2-テトラフルオロエタン）などが用いられます。

マグネシウム合金ダイカストの鋳造には、ホットチャンバマシンが多く用いられ、**図4-2-6**に示したような大気と遮断したマシンと一体となった炉で、溶解・保持されます。また、コールドチャンバダイカストマシンの場合は、**図4-2-7**に示した密閉式のるつぼ炉が溶解保持炉として用いられます。

溶解るつぼや溶解ポットは、ボイラ用鋼板の溶接や鋳鋼（SC材）が使用され、表面には寿命を延ばすためのアルミナイズド処理が施されます。

溶解温度が700 ℃以上になると溶湯の酸化が加速されるため、AZ91Dではホットチャンバマシンで630～650 ℃、コールドチャンバマシンで670～700 ℃に設定されます。

図 4-2-5　亜鉛合金の溶解に使用する溶解鍋

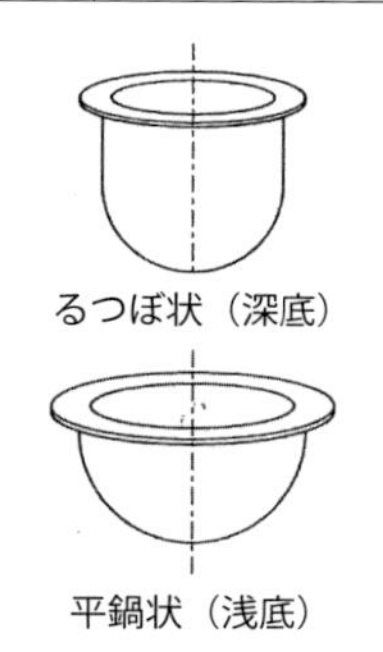

図 4-2-7　コールドチャンバマシン用の溶解保持炉

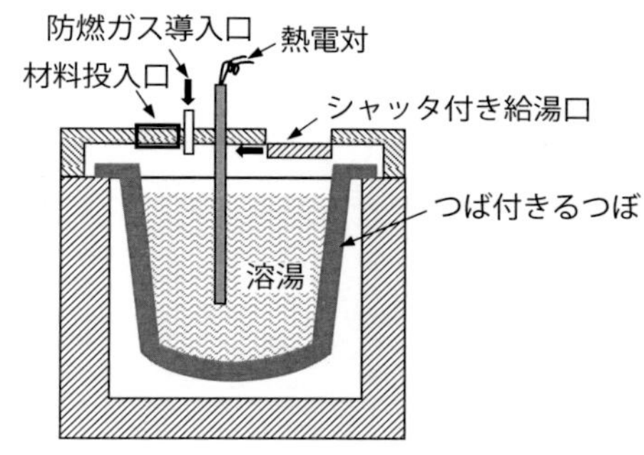

図 4-2-6　ホットチャンバマシンに付随した溶解保持炉

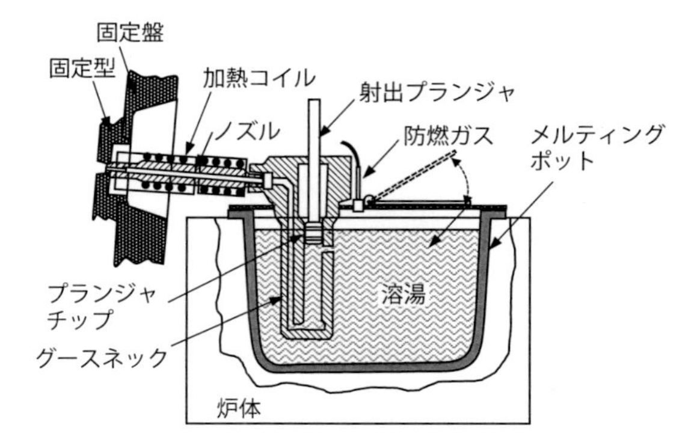

要点　ノート

亜鉛合金は、Pb、Cd、Snによる粒間腐食を招くので溶解にあたっては細心の注意が必要です。また、マグネシウム合金は、酸素と反応して激しく燃焼するので防燃ガスの雰囲気で溶解します。

鋳造条件の選定はどのようにするか

鋳造作業を行う前に、良品を得るために適切な鋳造条件の選定を行います。鋳造条件の選定には、**表4-3-1**のような項目について検討します。以下に主な鋳造条件について紹介します。

❶鋳造温度

鋳造温度は、保持炉内の溶湯の温度で、鋳造方式（コールドチャンバ、ホットチャンバ）、鋳造合金によって異なります。鋳造温度が低すぎると湯流れ性が阻害されて湯回り不良が発生し、鋳造温度が高すぎると、溶湯の酸化がいちじるしくなったり金型の侵食が起こりやすくなります。

❷金型温度

金型温度は、型締直前のキャビティ表面の温度のことで、一般的に150～250℃を目安とします。120℃以下では離型剤が付着しなかったり、金型に水分が残りガス発生の原因となったりします。また、350℃を超えると焼付きを発生しやすくなるので注意が必要です。

❸充填時間

充填時間は、ゲートから射出された溶湯がオーバーフローを含めた金型キャビティを充填する時間で、製品の肉厚が薄いほど短く設定します。製品肉厚から計算される許容充填時間以内に充填を完了することが要求されます。許容充填時間の計算式はさまざまな式が提案されていますが、1例として式（*3.3.1*）に示したF.C.Bennettの提案した式（P.131参照）があります。

❹低速速度

低速速度は、遅すぎると射出スリーブ内での溶湯凝固が進み、破断チル層などが発生しやすくなり、速すぎると射出スリーブ内の空気を巻き込んでブローホールの原因となります。

❺高速速度・ゲート速度

高速速度は、許容充填時間から選定されます。高速速度が遅すぎると充填不良を発生し、速すぎるとゲート部や金型キャビティの侵食が起こりやすくなります。ゲート速度は 、高速充填時にゲートを通過する溶湯の速度で設定されます。

❻高速切り換え

低速から高速への切り替えは、通常は溶湯がゲートに達した時点で行われます。射出プランジャが高速で移動する距離を高速区間といいます。

❼鋳造圧力（増圧）

鋳造圧力は、キャビティに溶湯を充填完了後に、プランジャから付加される圧力です。鋳造圧力が高いほど、鋳巣の発生が抑制されますが、高すぎると鋳バリや寸法不良を発生します。また、低すぎると充填不良やひけ割れ、鋳巣などを発生しやすくなります。

❽キュアリングタイム

金型キャビティの溶湯が凝固し、取り出しが可能な温度になるまで、ダイカストが冷却するまでの時間をキュアリングタイムといいます。

表 4-3-1　鋳造条件設定の目安

鋳造条件	設定にあたっての目安
鋳造温度	コールドチャンバでは鋳造合金の液相線+80～100 ℃、ホットチャンバでは+20～40 ℃。許容範囲は±10 ℃。
金型温度	金型温度は、型締直前の金型キャビティ表面の温度で150～250 ℃を目安。
充填時間	充填時間は、ゲートから流入した溶湯が金型キャビティを充満するまでの時間で、肉厚によって決まる。一般肉厚では、20～100 msが目安。
低速速度	厚肉製品では0.15～0.20 m/s 、一般肉厚では0.2～0.3 m/s、薄肉製品では0.3～0.4 m/sを目安。
高速速度・ゲート速度	高速速度は、充填時間によって選定され、通常は2～5 m/sの範囲で設定される。ゲート速度は、溶湯が噴流で流入させるため、30 m/s以上が必要で、一般的には40～50 m/sが推奨される。60 m/sを超えると金型との焼付きや侵食が起こりやすくなる。
高速切換え位置	低速から高速への切り換え位置は、ゲートに溶湯が到達した位置を目安。薄肉製品は湯回り性をよくするためランナー内で切り換え、厚肉製品で鋳巣を低減する場合は製品内で切り換える場合がある。
鋳造圧力（増圧）	コールドチャンバでは通常は40～80 MPa、ホットチャンバでは10～20 MPaが目安。圧力が高い方が鋳巣の発生が少ない。
キュアリングタイム	充填完了から型開きまでの時間で、製品の肉厚、大きさに依存。
サイクルタイム	1つのダイカストが鋳造される時間（タクトタイム）のことで、ダイカストマシンのサイズ(型締力)に依存。
ビスケット厚さ	ビスケットは、金型キャビティに鋳造圧力を伝達する役割で、15mmより薄くなると圧力伝達が不十分となる。

要点 ノート

鋳造条件の選定は、ダイカスト製品の品質や生産性などに大きく影響するので原理・原則に基づいて事前に十分に検討する必要があります。

金型清掃から注湯までの作業

ダイカストの鋳造作業は、一般的に**図4-3-1**の工程で行われます。

❶金型の清掃

金型には、金型分割面、引抜中子摺動面、エアベントなどに鋳バリやゴミなどの付着や、離型剤の残渣が堆積することがあります。そのまま型締をすると十分に金型が閉まらずに金型の故障の原因となったり、製品の寸法精度を低下させたりします。それを防止するためには、製品を取り出した後にエアブローで鋳バリなどを吹き飛ばしたりブラシなどで除去したりします。

❷離型剤・潤滑剤の塗布

離型剤の塗布方法は、**表4-3-2**に示すようにハンドスプレー方式と自動スプレー方式に分類されます。ハンドスプレー方式は、設備が簡単で自在に離型剤を塗布できます。自動スプレーには、スプレーノズルを金型に固定して塗布する固定スプレー方式と、スプレーノズルをシリンダやロボットに取り付けた移動式スプレー方式があります。

一般に使用されるスプレーは、**図4-3-2**に示す離型剤塗布装置の例のように、銅パイプをカセットに取り付けてスプレーマニホールドにセットし、エアとミキシングした離型剤を銅パイプ先端から塗布する方式が採用されています。

図4-3-3にチップ潤滑剤の塗布装置の例を示します。チップ潤滑剤の塗布量が多いと、溶湯内に潤滑剤が混入したり、ガス化してガス欠陥の原因になったりすることがあるので、必要最小限にとどめます。

❸型締め

金型は使用中に温度が上昇して熱膨張して型締めが不十分となることがあるので、金型取り付け時には型締力を80％程度に調整し、金型温度が安定したときの型締力を確認します。

❹注　湯

ダイカストマシンへの注湯は、**図4-3-4**に示すような自動給湯装置で行うことが一般的です。保持炉の溶湯温度は、合金種によって異なり、アルミニウム合金（ADC12）で640～700℃、亜鉛合金（ZDC1、2）で390～430℃、マグネシウム合金（AZ91D）で630～680℃が一般的です。

図 4-3-1 一般的なダイカストの鋳造作業工程

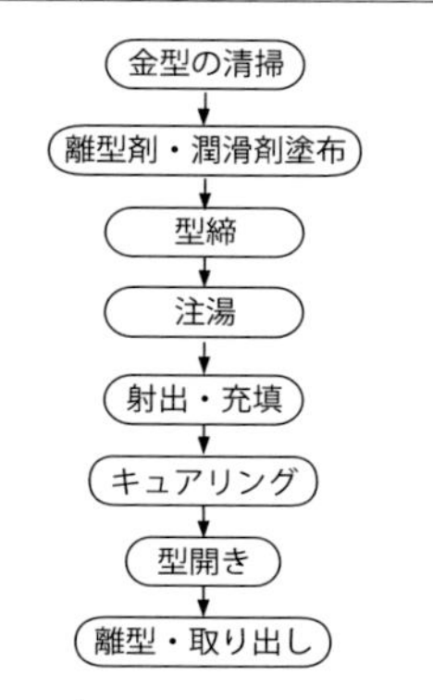

図 4-3-2 離型剤スプレー装置の例

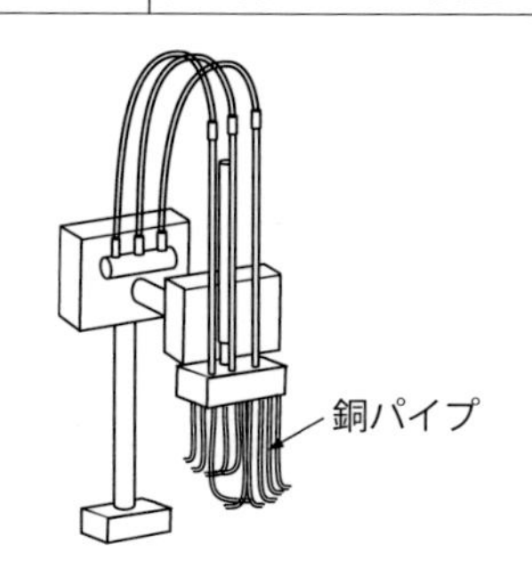

図 4-3-3 自動プランジャチップ潤滑装置の例

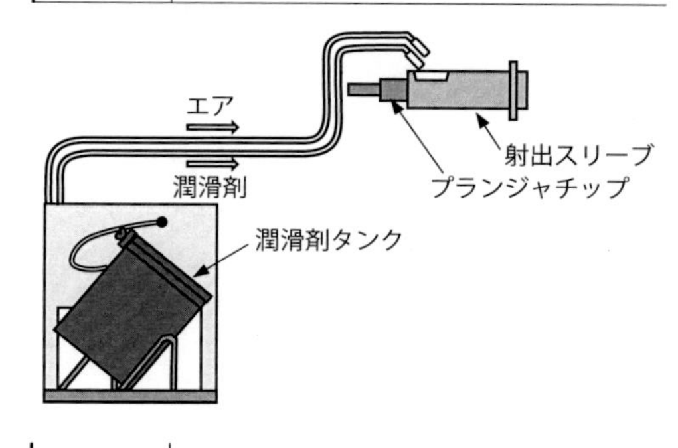

図 4-3-4 自動給湯装置の例

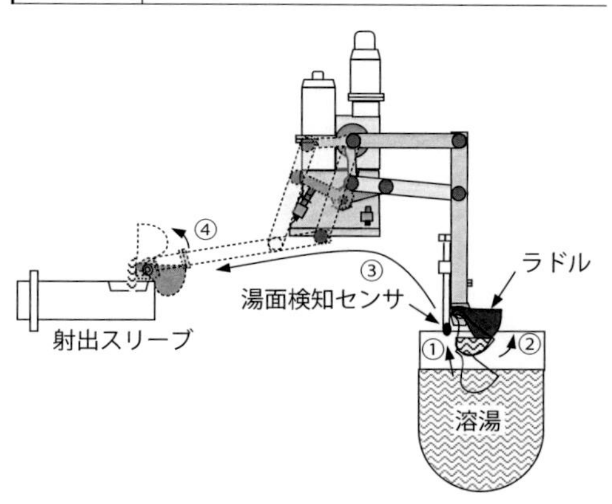

表 4-3-2 離型剤スプレー方式

方式		メリット	デメリット
手動	ハンドスプレー	・設備が簡易 ・必要な箇所に必要な量塗布可能	・サイクルタイムが長い ・熟練を要する
自動	固定スプレー	・設備が簡易 ・スプレー時間が短い ・小さな金型に適する	・必要な箇所に必要な量塗布できない
	カセット式スプレー	・金型全体にスプレーできる ・スプレー時間が短い ・段取りに時間がかかる	・大量塗布による不要箇所への スプレーがある ・金型への堆積が多い ・段取り時間が長い
	ロボット式スプレー	・必要な箇所に必要な量塗布可能 ・金型の形状に沿った塗布ができる ・段取り時間を短縮できる	・サイクルタイムが長い ・ノズルつまりが発生しやすい ・高度な技術が必要

要点 ノート

ダイカストの鋳造作業は、今日ではほぼ全自動で行われることが多いのですが、各工程での留意点を遵守しないと、不良発生の原因となったり生産性を阻害することになります。

射出から製品取り出しまでの作業

❶射出・充填

射出スリーブに注湯された溶湯は、プランジャーチップの前進により金型キャビティに射出・充填されます。コールドチャンバマシンでは、一般的に**図4-3-5**に示すように、射出速度は低速-高速の2段階で射出されます。低速での射出は、射出スリーブ内、ランナー内の残留空気を金型の外に排気して、製品内に巻き込まれることを防止するために行われます。高速での射出は、金型キャビティを溶湯が完全に充満するためにできる限り短時間に充填を行います。

溶湯の充填が完了すると、金型キャビティで生成する鋳巣を減少させるために増圧を行います。増圧が最大圧力に達するまでには若干の時間がかかります。これを昇圧時間と呼びます。一般的には10～30 msの範囲がよいとされますが、製品ごとに適切な昇圧時間を設定する必要があります。

❷キュアリング

射出が完了すると、金型キャビティの溶湯が凝固し、取り出し可能な温度までダイカストが冷却するまで金型を閉じたままにします。これをキュアリングといいます。その時間をキュアリングタイムといい、長すぎると、製品の温度が低下して熱収縮が大きくなり引抜き中子が抜けなくなったり、製品を押出しにくくなったりします。逆に短すぎると、ビスケットやランナーなどの厚肉部の未凝固の溶湯が飛び出したり、製品の温度が高いため強度が低く押し出しで変形したりします。

❸型開き

設定したキュアリングタイムが経過すると、金型は自動的に開かれます。コールドチャンバマシンでは、製品が固定型に残らないように、プランジャーチップを固定盤からある程度の距離を可動型にビスケットを押すため前進させます。この距離をチップ突出し寸法といいます。給湯量が少なすぎたり、射出スリーブ内の傷が大きかったりすると突き出しが不十分になり固定型に残ることがあります。

❹離型・取り出し

製品の押出方式には、油圧式とバンパー式があります。油圧式は、**図4-3-6**に示すようにダイカストマシンから油圧シリンダに供給された油圧により押し出しを行う方法です。バンパー式は、**図4-3-7**に示すように型開きの動作を利用して押出板を押して製品を押し出す方式で、小型のダイカストマシンに使用されます。

可動型から押し出された製品は、**図4-3-8**に示すような自動製品取出装置や取出ロボットにより製品のビスケットをつかみ取り出します。

図 4-3-5 射出波形の模式図 [1)]

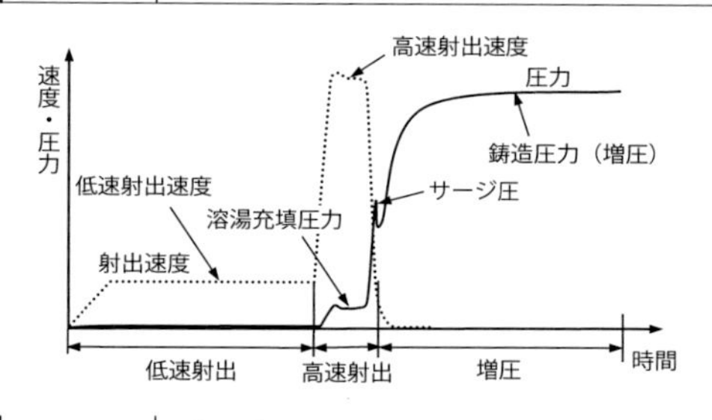

図 4-3-6 油圧式押出

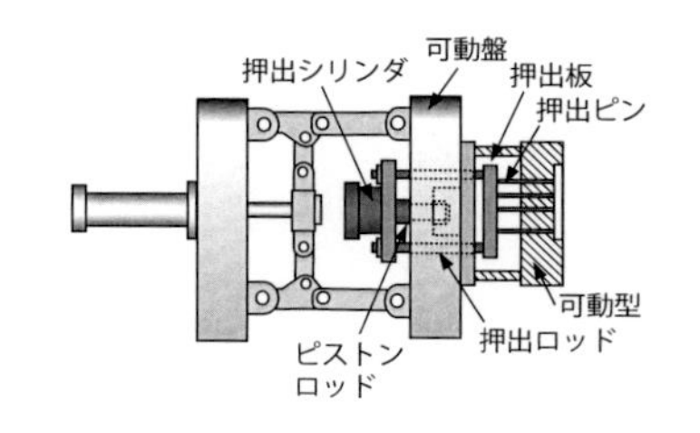

図 4-3-7 バンパー押出 [1)]

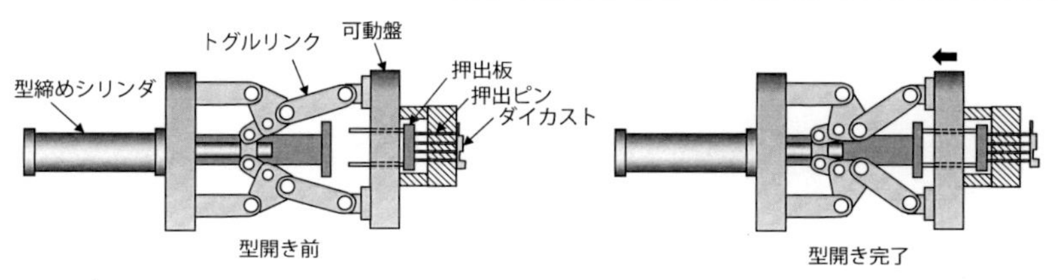

図 4-3-8 自動製品取出装置の例

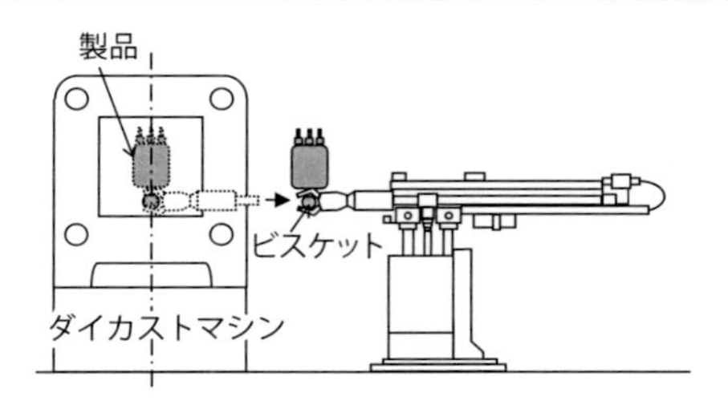

要点 ノート

溶湯の射出・充填はきわめて短時間に行われますが、ダイカストの品質を決める重要な工程です。キュアリングタイムは、製品寸法に影響を与えるので、製品の取出し温度に注意します。

鋳バリ取り

❶トリミング

金型から取り出されたダイカストは、鋳造方案で示した製品以外のビスケット、ランナー、オーバーフロー、エアベント（荒バリ、大バリなどと呼ばれます）などを除去する必要があります。これをトリミングといいます。荒バリの除去方法としては、手作業による方法と機械による方法があります。手作業によるトリミングには木製ハンマが用いられます。

機械によるトリミングには、プレス機が使用されます。現在では、多くの製品のトリミングにプレス機が利用されています。プレス機には、人力プレス、機械プレス、油圧プレスなどがあります。**表4-4-1**にそれぞれの特徴を示します。これらは、製品の大きさ、形状、生産規模によって選択して使用されます。

プレス型は、剪断（せんだん）によりランナー部などを打ち抜くもので**図4-4-1**に示すような打抜き型や上型はね出し型、下型はね出し型、組合せ型などがあります。

❷鋳バリ取り

金型分割面、中子の合せ面、押出ピンや鋳抜きピンに発生する薄い鋳バリを除去することを鋳バリ取り作業といい、手作業による方法と機械による方法があります。

手作業による方法には、やすり、スクレーパなどを用います。エア工具や電動工具などのハンドツールを使用することで作業を効率的に行えますが、削り過ぎや製品部に傷つけないように注意が必要です。

機械による鋳バリ取り方法には、バレル研磨、ショットブラストなどがあります。バレル研磨による鋳バリ取り作業は、**図4-4-2**に示すようにメディア（研磨剤）、コンパウンド（無機塩、有機塩、アミン、界面活性剤など）を研磨剤として被加工物とともにバレルの中に入れ、バレルを回転または振動させて研磨剤と被加工物との接触抵抗により研磨する方法です。

ショットブラストによる鋳バリ取り作業は、**図4-4-3**に示すようにメディア（研磨剤）を高速に回転するインペラーにより被加工物に投射して、その運動エネルギーで鋳バリを除去する方法です。メディアには、亜鉛ショット、ステンレスカットワイヤ、スチールショットなどが挙げられます。

表 4-4-1 プレスの種類と特徴

プレスの種類	価格	プレス速度	プレス力	製品の大きさ
人力プレス	安い	遅い	小さい	小物
機械プレス	人力プレスより高い	速い	大きい	中物
油圧プレス	機械プレスより高い	機械プレスより遅いが自由に選択	自由に選択	大物

図 4-4-1 打抜き型によるプレストリミング

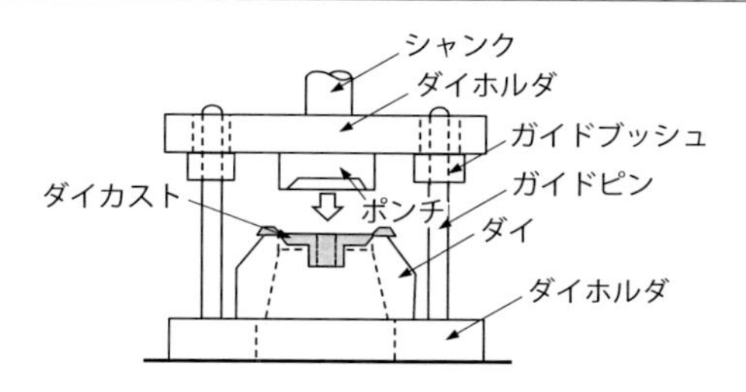

図 4-4-2 バレル研磨による鋳バリ取り

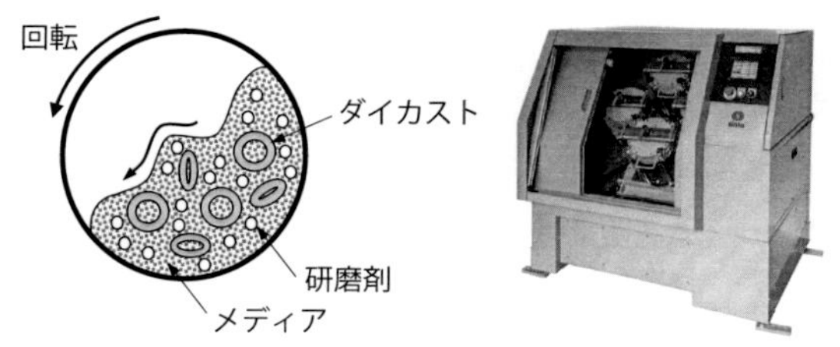

（写真提供：新東工業株式会社）

図 4-4-3 ショットブラストによる鋳バリ取り

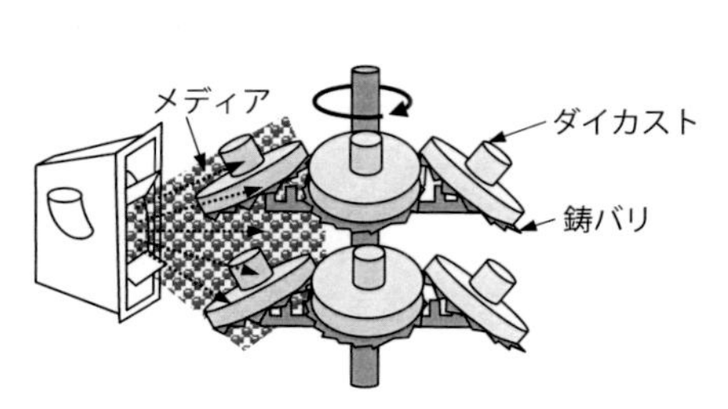

（写真提供：新東工業株式会社）

要点 ノート

ダイカストマシンから取り出されたダイカストには、ビスケットやランナーなどの鋳造方案部やパーティング面に発生した鋳バリなどの製品以外の部分があるので、取り除く工程が必要となります。

熱処理・含浸処理

❶アルミニウム合金の熱処理

アルミニウム合金ダイカストの熱処理は、時効硬化による強度向上、寸法の安定化などを目的に行われ、**表4-4-2**に示す方法があります。

普通ダイカストでは、高速・高圧で溶湯を金型内に充填するため、製品内への空気の巻き込みなどに伴う欠陥でガス含有量が多くなり、450～500℃前後の高温での溶体化処理を伴うT4、T6、T7熱処理は、膨れや変形が発生するため適用できません。しかし、製品内部のガス欠陥をいちじるしく減少させる高真空ダイカストやPFダイカストを適用すると、強度向上や延性・靱性向上を目的とした熱処理が可能です。

ダイカストした後で人工時効処理を行うT5処理は、溶体化処理を伴わないので普通ダイカストでも可能です。ADC12のT5処理の例では、硬さ上昇の目的の場合は160～180℃で3～6時間、寸法安定化処理の場合は200～250℃で2～4時間の人工時効処理を行います。

❷亜鉛合金ダイカストの安定化処理

亜鉛合金ダイカストは、ダイカストした後に長時間室温に保持していると結晶組織内で僅かずつ変化が進行して、ひずみが発生したり、機械的性質が変化したりします。この過程で**図4-4-4**に示すようにダイカストが収縮します。寸法変化は鋳造直後に大きく起こり、その後変化は小さくなります。この寸法変化を嫌う製品においては安定化処理を行います。安定化処理は、100℃で3～6時間、85℃で5～10時間、70℃で10～20時間が目安となります。安定化処理を行うことで、図4-4-4のように寸法変化を大幅に抑えることができます。

❸含浸処理

ダイカスト内部には、微細な鋳巣、割れなどが発生することがあり、圧力容器などに使用した場合に、圧漏れの原因となることがあります。そのような微細な欠陥内に液状物質（含浸剤といいます）を充填、固化させて圧漏れ経路を遮断する方法を含浸処理といいます。

含浸処理方法には、**表4-4-3**に示すような方法があります。ダイカストでは**図4-4-5**に示すような真空加圧含浸法が一般的に行われます。

含浸剤には、無機系含浸剤と有機系含浸剤があります。無機系の含浸剤は素材の含浸処理に用いられることが多く、有機系の含浸剤は機械加工後の含浸処理に用いられます。

表4-4-2 アルミニウム合金ダイカストの熱処理

記号	記号の意味	目的
F	鋳造のまま	—
O	焼なましのまま	寸法の安定化、残留応力の除去、伸びの増加
T4	溶体化処理後、自然時効したもの	靭性向上、耐食性改善
T5	人工時効のみしたもの	硬さ向上（T6より低い）、寸法の安定化
T6	溶体化処理後、人工時効したもの	強度上昇、硬さ向上
T7	溶体化処理後、安定化処理したもの	寸法の安定化、耐食性改善、T6より靭性高い

表4-4-3 含浸処理方法の種類と特徴

種類	特徴
真空含浸法	減圧操作により、鋳巣欠陥などの気孔中の空気と含浸液との置換を容易にする方法。減圧後に含浸液に浸漬する方法と浸漬後に減圧する方法がある。空気と含浸液との置換に時間を要し、微細穴欠陥には不向き。
加圧含浸法	ワークの漏れ箇所に含浸液を入れ、治具を使って一方から加圧し、含浸液を反対側ににじみ出させる方法。含浸タンクを必要とせず、大型製品の含浸に適する。
真空加圧含浸法	ワークを容器に入れた後真空にし、漏れ経路の空気を抜き、ワークを含浸液に浸漬し、引き続いて含浸タンク内に500 kPa～800 kPaの圧縮空気を導入し、数分～数十分加圧含浸する方法。微細穴欠陥や袋状穴欠陥の含浸が可能。

図4-4-4 ZDC1、ZDC2の経年寸法変化の安定化処理の影響例

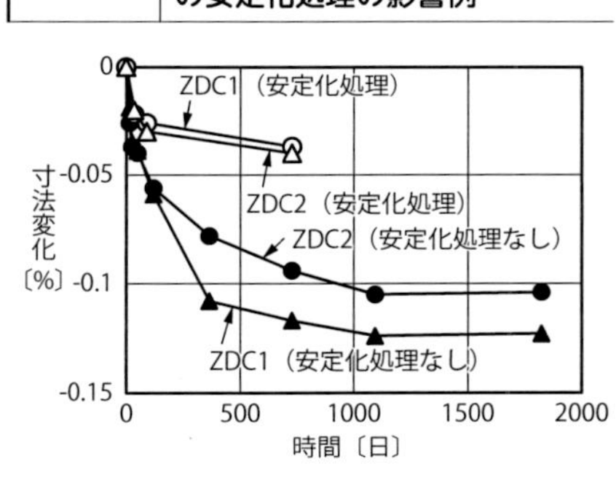

図4-4-5 真空加圧含浸法の工程図の例

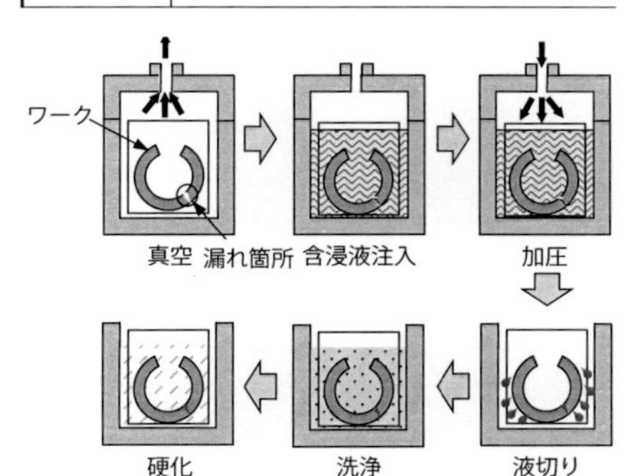

要点 ノート

ダイカストは、通常は鋳放しのままで使用されますが、寸法の安定性や強度を向上させるために熱処理が行われることがあります。また、鋳巣などの発生により耐圧性に問題があるときは、救済処置として含浸処理が行われることがあります。

機械加工、表面処理

❶機械加工

ダイカストの表面層は、**図4-4-6**に示すように組織の緻密なチル層が形成されていますので、削り代を大きくし過ぎると内部の鋳巣などの欠陥が露出して、表面処理性や耐圧性に支障をきたすことがあるので、削り代はできる限り少なく設定します。また、小さすぎると鋳肌のままの未加工部（黒皮残り）が出てしまいます。仕上げ代は、0.25～0.8 mm程度とすることが望ましいとされます。仕上げ代は、JIS B 0403:1995に規定されています。

ダイカストの機械加工には、フライス盤、旋盤、ボール盤、NC自動盤、マシニングセンタなどが用いられます。

❷表面処理

ダイカストは、装飾性、耐食性、表面硬さを向上させるために表面処理をして使用される場合があり、**表4-4-4**に示すようなめっき、化成処理、陽極酸化、塗装などが行われます。表面処理の実施例を**図4-4-7**に示します。

(a)めっき：亜鉛合金ダイカストのめっきは、装飾性、耐食性、密着性にすぐれ、各種のめっきをして使用される製品が多くあります。亜鉛めっきの工程例を**図4-4-8**に示します。

(b)化成処理：化成処理は、製品表面に化学薬品によって強靱な皮膜を生成させ、耐食性や塗料の密着をよくする下地として使用されます。鋳肌の表面に、クロム酸亜鉛やリン酸亜鉛の皮膜を生成し、耐食性を向上させ、塗料や染料による着色の有効な下地に利用します。

(c)陽極酸化処理：陽極酸化処理は**図4-4-9**に示すように硫酸、しゅう酸などの溶液中でAlやMgなどの金属を＋極に、カーボンや鉛を－極にして電流を流すことにより、＋極の金属表面に強制的に酸化皮膜を形成する方法です。化成皮膜が1～2 μmの厚さであるのに対して、陽極酸化処理被膜は流した電気量に比例して厚くなり、良好な被膜が形成できます。特にアルミニウム合金の陽極酸化処理はアルマイトと呼ばれています。

(d)塗　装：ダイカストには、さまざまな塗装が行われますが、ダイカストは腐食しやすく、表面は滑らかなので塗料の密着性が良くありません。そのため、化成処理や、陽極酸化処理をして塗装すると、密着性や耐食性がよくなります。

図 4-4-6 ADC12 合金ダイカストの表面層

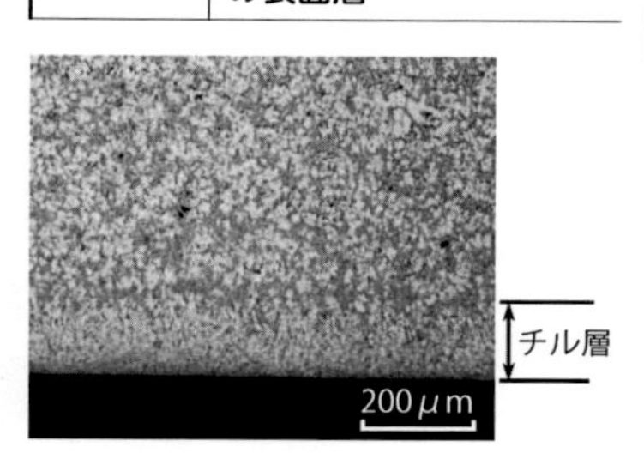

表 4-4-4 ダイカストの表面処理法

表面処理の種類	目的	処理法
めっき	耐食性、耐摩耗性	電気めっき、無電解めっき
化成処理	塗装下地、耐食性、摺動特性	クロメート処理、ユニクロム処理、リン酸塩処理
陽極酸化処理	耐食性、耐摩耗性、着色	アルマイト処理
塗装	耐食性、装飾性	スプレー塗装、静電塗装、電着塗装、粉体塗装

図 4-4-7 ダイカストの表面処理の例

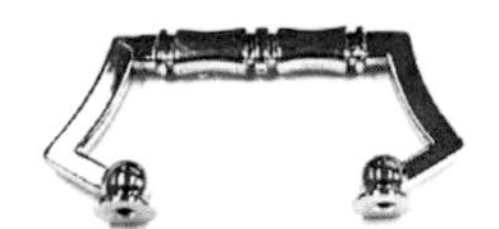
めっき（亜鉛合金）

化成処理（亜鉛合金）

陽極酸化処理（アルミ合金）

塗装（亜鉛合金）

図 4-4-8 亜鉛合金ダイカスト素材の一般的なめっき工程

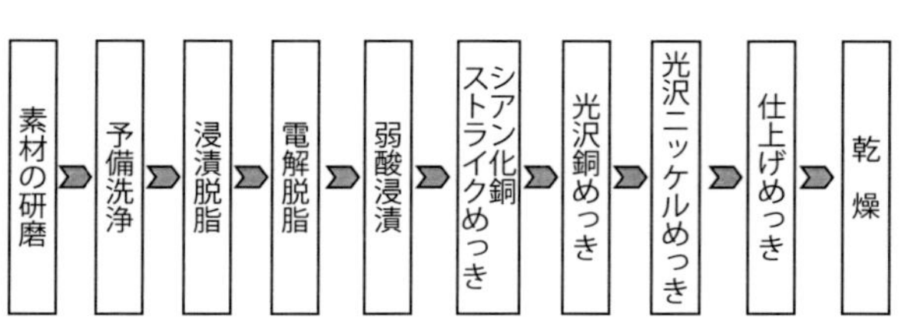

図 4-4-9 陽極酸化処理

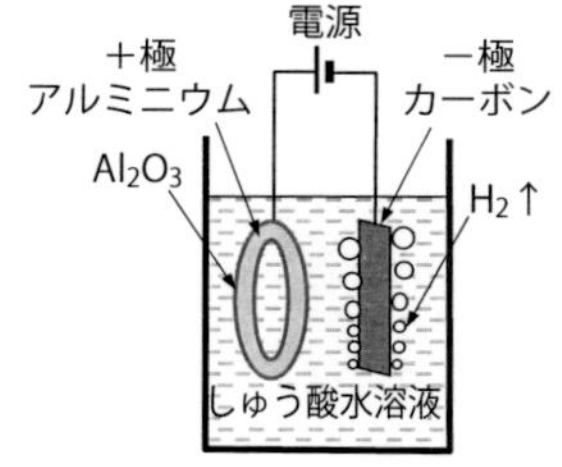

要点ノート

ダイカストは必要に応じて機械加工されますが、削り代は必要最小限に留めないと品質を損なってしまいます。また、耐食性、装飾性、耐摩耗性などの表面の機能を向上させる目的で表面処理が行われることがあります。

ダイカストの検査および試験

❶寸法検査

ダイカストには、ノギス、キャリパー、マイクロメータなどの測定器具で測定、プローブ（鉄・セラミックなどの球体）を製品に触れて測定したり、レーザや光を用いて測定したりする三次元測定器などがあります。

❷外観品質の検査

通常はユーザと取り決めた限度見本を元に目視検査で行われます。300 lx（ルックス）以上の照明下において60 cm程度離して肉眼により行います。

❸内部品質の検査

内部品質の検査には、対象物を破壊せずに行う非破壊検査と破壊して行う破壊検査があります。

(a)非破壊検査：製品を切断したり破壊したりすることなく内部欠陥の検査をするもので、**表4-4-5**のような方法があり、抜取検査あるいは全数検査で行われます。多くの場合鋳巣の検査には、X線透過検査法、質量検査法、密度（比重）検査法などがあり、ダイカスト内部のブローホールやひけ巣などの空隙の多少を判断します。

(b)破壊検査：破壊検査には**表4-4-6**のような方法があります。破面検査は、製品を破壊させてその破面を肉眼、実体顕微鏡、走査型電子顕微鏡（SEM）を用いて観察します。試削り検査は、製品を旋盤やフライス盤で加工してその加工面を観察する方法です。ふくれ検査（ブリスター試験）は、アルミニウム合金ダイカストでは400～500 ℃に加熱することで内部のブローホールやピンホールなどのガスが膨張してふくれ（ブリスター）を発生する状態を観察します。

❹機械的性質の検査

ダイカストの機械的性質の検査は、製品から切り出した試験片を用いて、強さ、延性、靭性、硬さ、疲れなどの項目に関して行われます。ダイカストの機械的性質の主な検査方法の種類を**表4-4-7**に示します。また、試験片でなくダイカスト製品そのものを用い、実際に使われる状態を再現して評価する実体強度試験が行われることがあります。

表 4-4-5 非破壊検査法の例

検査対象	検査方法	内　容
鋳巣	X線透過検査法	X線で透過してダイカスト内部の空洞の状況をみる
	質量検査法	製品の質量を測定して標準製品の質量と比較する
	密度（比重）検査法	密度（比重）を測定して親密度（真比重）と比較する
耐圧性	気泡検知法（水没気泡目視）	被検査物内（ワーク）に圧縮空気を封入し、水中に浸漬するか、石鹸水を塗布して気泡を目視する
	差圧計法	圧力計法に対して、圧力計の代わりに差圧計を使用し、被検査物（ワーク）の漏れによる圧力降下を基準密閉容器との差圧として検出する方法

表 4-4-6 破壊検査法の例

検査対象	検査方法	内　容
鋳巣、充填不良、介在物	破面検査	必要箇所を破断または切断して破面を観察する
	試削り検査	製品を旋盤などで加工して、加工面を観察する
ブローホール、ピンホール	ブリスター検査	加熱することにより表層に発生するブリスターを検出する
破断チル層、偏析	マクロ組織検査	製品の切断面を研磨後、エッチング液により腐食して、肉眼または低倍率に拡大して断面を観察する
ハードスポット、介在物、ミクロ組織	ミクロ組織検査	製品の切断面を鏡面研磨後、エッチング液により腐食して、顕微鏡（倍率100～400倍）でミクロ組織、介在物などを観察する

表 4-4-7 ダイカストの機械的性質の主な検査方法の種類

試験方法		評価項目	概　略	JIS規格
引張試験		引張強さ、0.2％耐力、伸び、絞り	試験片に引張荷重を加え、破断するまでの荷重と変形の関係を調べる試験	JIS Z 2241:2011
衝撃試験	シャルピー衝撃試験	衝撃値、吸収エネルギー	角棒試験片を両持験機に取り付け、衝撃荷重を加えて打ち折る	JIS Z 2242:2005
硬さ試験	ビッカース硬さ試験	硬さ	四角錐のダイヤモンド製圧子に荷重を加えて試験片に押しつけ、除荷後の圧痕の対角線を測定して硬さを求める。顕微鏡下で行う方法をマイクロビッカースという	JIS Z 2244:2009
	ブリネル硬さ試験		直径が一定の鋼球を試験片に一定荷重で押しつけ、除荷後の圧痕の大きさから硬さを求める	JIS Z 2243:2008
	ロックウェル硬さ試験		ダイヤモンドコーンや鋼球に荷重を加えて試験片に押しつけ、除荷後のくぼみの深さから硬さを求める	JIS Z 2245:2011
疲れ試験		疲れ強さ、疲れ限度（時間強さ）	丸棒や板状の試験片に一定の応力振幅の繰返し応力を加え、破壊するまでの応力繰返し数を求める	JIS Z 2273:1978
クリープ試験		クリープ強さ	ある一定温度のもとで、試験片にある一定応力を加え、次第に増加する伸びを測定してクリープ速度を求める	JIS Z 2271:2010

要点 ノート

ダイカストがその製造工程において、定められた品質が確保できていることを保証するために、さまざまな検査・試験が行われます。多くの検査・試験方法が JIS 規格に規定されています。

コラム

● ダイカスト特有の欠陥 ●

①剥がれ（はがれ）・めくれ

ショットブラストなどでダイカスト表面の一部が薄く剥がれる現象を「剥がれ」、薄皮の一部が鋳肌に残ったものを「めくれ」といいます。さまざまな原因がありますが、金型キャビティに流入して最初にできた薄皮と後続の溶湯が融合できないことが主な原因と考えられます。

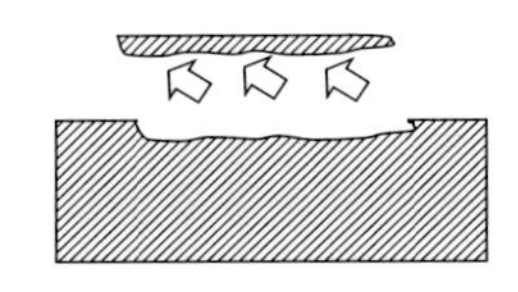

②焼付き傷（やきつききず）

金型や鋳抜ピンなどに鋳造合金が融着し、ダイカストの離型時に一部が金型に残り、製品表面に欠肉や粗面が生じたものを「焼付き傷」といいます。発生原因は、熱の集中や冷却不足により金型に過熱部ができ、金型と鋳造合金が化学的に反応したことによります。

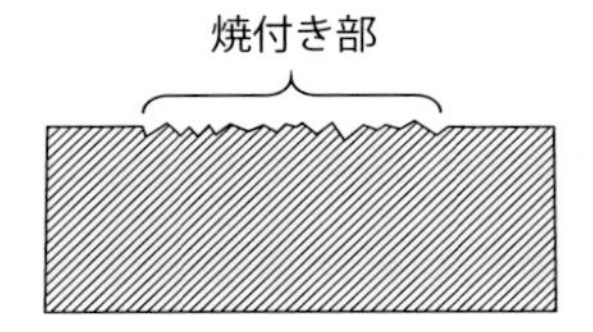

③破断チル層（はだんちるそう）

製品内で通常組織との間に直線状あるいは円弧状の明確な界面を有し、比較的微細な組織が集合したものを「破断チル層」といいます。発生原因は、射出スリーブで発生した凝固層が射出によって粉砕されて金型キャビティ内に流入したことによります。

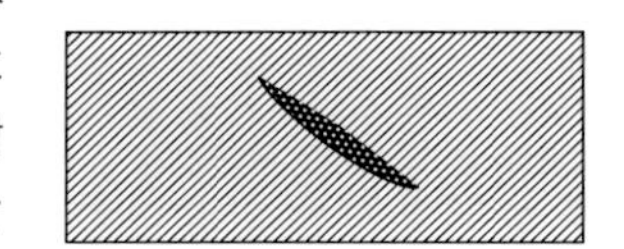

④湯玉（ゆだま）

製品内で二次元的に円形、三次元的には球状の形態をしている組織を「湯玉」といいます。表面は酸化皮膜で覆われ、通常組織との間に明確な境界があります。発生原因は、金型キャビティに射出された溶湯が、金型壁に衝突して液滴状に飛散し、急冷されたことによります。

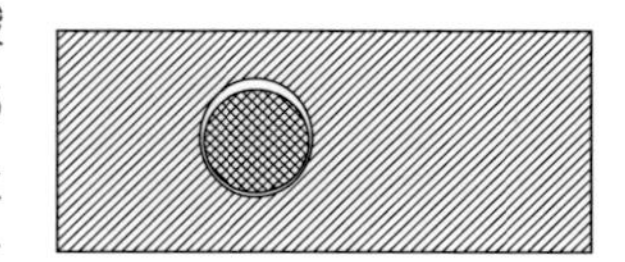

【参考文献】

1）「トコトンやさしい鋳造の本」西直美・平塚貞人著、日刊工業新聞社（2014）

2）「国際鋳物欠陥分類集」国際鋳物技術研究委員会編、（社）日本鋳造工学会（1975）

3）「鋳物の技術史」（社）日本鋳造工学会（1997）

4）「基礎から学ぶ鋳造工学」（公社）日本鋳造工学会，(2015）

5）「奈良の大仏ー世界最大の鋳造物」香取忠彦著、草思社（1981）

6）「Solidification Processing,McGraw-Hill」M.C.Flemings（1974）

7）「機械工学便覧」日本機械工学会編、丸善出版、β.デザイン編β3-22（2014）

8）「新版 鋳鉄の生産技術」素形材センター（2012）

9）「軽合金鋳物・ダイカストの生産技術」素形材センター（2000）

10）「鋳造工学便覧」日本鋳造工学会編、丸善（2002）

11）「改訂第４版 鋳物便覧」日本鋳物協会編、丸善（1986）

12）「ダイカストの標準 DCS-E〈製品設計編〉」日本ダイカスト協会

13）「鋳造技術講座６ 鋳物設計」日刊工業新聞社（1978）

14）「機械設計者・鋳造技術者のための鋳造品の設計と材質」千々岩健児著、朝倉書店（1963）

15）「日本機械学会基準『鋳造品の設計』」日本機械学会編（1982）

16）「新版 鋳造工学」中江秀雄著、産業図書（2008）

17）「鋳物の現場技術」千々岩健児著、日刊工業新聞社（1980）

18）「技能指導　鋳造法」池田薫男著、工学図書（1964）

19）「よくわかる　木型と鋳造作業法」横井時秀・鵜飼嘉彦著、オーム社（1956）

20）「新版 機械実習1」朝比奈奎一・中嶋健二・石井努・山名式雄・大塚輝生・吉田政弘著、実教出版（2010）

21）「新版 銅合金鋳物の生産技術」素形材センター（2014）

22）「ダイカストって何」日本ダイカスト協会編（2003）

23）「絵とき　ダイカスト基礎のきそ」西直美著、日刊工業新聞社（2015）

24）「ダイカストの標準　DCS D1〈金型編〉第４版」日本ダイカスト協会（2008）

25）「新版　ダイカスト技能者ハンドブック」日本ダイカスト協会（2012）

26）「ダイカスト品質ハンドブック」日本ダイカスト協会（2016）

27）「ダイカストの標準 DCS P1 アルミニウム合金ダイカスト〈作業編〉」（社）日本ダイカスト協会（2005）

28）「亜鉛ダイカストハンドブック〈改訂第２版〉」日本ダイカスト協会・日本鉱業協会（2011）

【索引】

さ

た

な

は

ま

や

ら

著者略歴

西　直美（にし　なおみ）

1955年　長野県に生まれる
1985年　東海大学大学院工学研究科
　　　　金属材料工学専攻博士課程修了（工学博士）
1985年　リョービ株式会社入社
2002年　一般社団法人日本ダイカスト協会
2016年　ものつくり大学技能工芸学部総合機械学科 教授
2021年　ものつくり大学 名誉教授

専門分野：材料工学、鋳造工学

主な著書

「ダイカストを考える」ダイカスト新聞社（2010）
「トコトンやさしい　鋳造の本」（共著）日刊工業新聞社（2015）
「絵とき　ダイカスト基礎のきそ」日刊工業新聞社（2015）
「ダイカストの欠陥を考える」ダイカスト新聞社（2017）
「わかる！使える！ダイカスト入門」日刊工業新聞社（2019）

NDC 566

わかる！使える！鋳造入門
〈基礎知識〉〈段取り〉〈実作業〉

2018年11月15日　初版1刷発行
2024年11月27日　初版7刷発行

定価はカバーに表示してあります。

ⓒ著者　西　直美
発行者　井水 治博
発行所　日刊工業新聞社　〒103-8548 東京都中央区日本橋小網町14番1号
書籍編集部　電話 03-5644-7490
販売・管理部　電話 03-5644-7403　FAX 03-5644-7400
URL　https://pub.nikkan.co.jp/
e-mail　info_shuppan@nikkan.tech
振替口座　00190-2-186076

企画・編集　エム編集事務所
印刷・製本　新日本印刷㈱（POD6）

2018 Printed in Japan　落丁・乱丁本はお取り替えいたします。
ISBN　978-4-526-07896-5　C3057